海绵城市设计系列丛书

LID 低影响开发：
城区设计手册

[美] 阿肯色大学社区设计中心　编著

卢　涛　译

U0339843

江苏凤凰科学技术出版社

图书在版编目（CIP）数据

低影响开发：城区设计手册 / 美国阿肯色大学社区
设计中心编著；卢涛译. — 南京：江苏凤凰科学技术
出版社，2017.2

（海绵城市设计系列丛书 / 伍业钢主编）

ISBN 978-7-5537-7817-4

Ⅰ．①低… Ⅱ．①美… ②卢… Ⅲ．①城市规划—建
筑设计—手册 Ⅳ．① TU984-62

中国版本图书馆 CIP 数据核字（2017）第 006341 号

　　本书由美国阿肯色大学社区设计中心授权给中国科学院沈阳应用生态研究所
景观生态与区域规划研究中心城市生态学组，课题编号：2012BAC05B05。由中国
科学院沈阳应用生态研究所授权江苏凤凰科学技术出版社出版。

海绵城市设计系列丛书

低影响开发：城区设计手册

编　　　著	[美] 阿肯色大学社区设计中心	
译　　　者	卢　涛	
校　　　译	陈　玮	
项 目 策 划	凤凰空间/郑亚男　邢艳丽	
责 任 编 辑	刘屹立	
特 约 编 辑	邢艳丽　和莉莉	

出 版 发 行	凤凰出版传媒股份有限公司
	江苏凤凰科学技术出版社
出版社地址	南京市湖南路1号A楼 邮编：210009
出版社网址	http://www.pspress.cn
总 经 销	天津凤凰空间文化传媒有限公司
总经销网址	http://www.ifengspace.cn
经　　　销	全国新华书店
印　　　刷	北京博海升彩色印刷有限公司

开　　　本	710 mm×1000 mm　1 / 16
印　　　张	15
字　　　数	120 000
版　　　次	2017年2月第1版
印　　　次	2024年10月第2次印刷

标 准 书 号	ISBN 978-7-5537-7817-4
定　　　价	168.00元

图书如有印装质量问题，可随时向销售部调换（电话：022-87893668）。

以水兴城

很高兴为《低影响开发：城区设计手册》中文版写序。顾名思义，这是一本关于城市规划设计与开发建设的专业书籍。通览全书，我不仅愿意把它当做海绵城市规划设计手册，而且愿意当做生态科普读本推荐给大家。它既有"战术细节"，又饱含"战略理念"，且图文并茂适合不同的阅读人群。希望能更新观念、凝聚共识，引导公众共建、共享生态城市宜居家园。

何谓"低影响"？它源于对英文"Low Impact"的直译。当我们谈论"影响"时，首先要明确谁影响谁，然后要搞清楚影响的程度以及可能的后果。当我们深入研究时，则更注重揭示产生影响的机理，而生态学正是这样一门科学，它着重研究生物与周围环境之间的相互关系以及发生相互作用的机理。现如今，生态学已经渗透到各个领域，人们常用"生态"来表达一种理念，如生态经济、生态城市、生态农业等。从字面理解，"低影响开发"应该包括所有对环境影响较小的人类活动，"低影响"即包含了生态理念，这与建设环境友好型社会、打造"山水林田湖"生命共同体的战略理念是一脉相承的。

水乃生命之源，对所有生物而言都是十分重要的生态因子。它不仅作为生命源物质参与各种生命活动的生理生化过程，又作为溶剂携带多种物质元素参与环境物理化学循环。水文循环与生态系统中物质循环、能量流动与信息传递存在普遍的联系，因而也被认为是自然界最重要的生态过程，是生态系统能否有效发挥生态功能、释放生态效益的关键。水资源也是人类社会一切生产、生活的物质基础。远古智人从走出非洲到近现代足迹遍布全球，人类聚居地总是依水而建、与水为伴。

随着时代的前进，我们改造自然的能力有了翻天覆地的变化，也正是这个原因，我们逐渐失去了对自然的敬畏，丢掉了治水、兴水、护水、节水的传统，对环境的改造到了肆无忌惮的地步。自然生境支离破碎、水文循环不畅且污染严重，导致生物多样性降低，生态系统功能持续退化。人类开发建设到哪里，钢筋混凝土就铺设到哪里，我们仿佛生活在钢筋混凝土森林之中。随着迅猛的城镇化过程，人口迅速向城市转移，"城市大饼"越摊越大。为了提高城市开发强度，城市绿地越来越少；为了解决城市居住问题，城市硬质地面比例越来越高；为了缓解交通压力，马路越修越宽……在全球气候变化日益加剧、极端天气频繁出现的情况下，城市系统更加脆弱、不堪一击，城市地区频现"海景"，"城市看海"已经成了城市居民无奈的自嘲。

在城市系统中，绿色设施——景观是连接城市与自然的重要纽带，充分利用其生态功能形成互联互通的绿色网络是改善人居环境、建设生态城市的关键。阿肯色大学社区设计中心（UACDC）编著的《低影响开发：城区设计手册》从保护或模拟场地雨水自然循环过程入手，着重介绍了如何利用绿色基础设施来分散与吸纳雨水、减缓与处理径流，达到消除面源污染与降低内涝风险的目的。低影响开发，就本书而言，它是一种基于生态学理论的城市雨洪管理方法，遵循源头分散、慢排缓释的理念，整合硬质工程与软质工程，建造分布式雨水基础设施网络，就地吸纳与处理雨污径流，与传统的雨水直排、快排、以排为主的模式有着根本的区别。

理念的不同往往导致实践操作上的巨大差异。在实践中，低影响开发将集水区作为最基本的规划设计单元，综合考虑开发场地的地形地貌与植被覆盖，结合上下游关系对场地建设前后的水文特征进行模拟分析，优化开发场地格局，连通绿色基础设施，综合应用工程技术手段最大限度地降低开发对水文循环等生态过程的影响。传统开发通常以行政边界或者法定产权边界为依据进行规划设计，各排水单元常常彼此孤立，基础设施之间缺乏连通性，生态过程的连续性被人为割裂或者阻断，园林绿化大多只具有审美功能。低影响开发很好地应用了"格局决定过程，过程决定功能"这一景观生态学理论，大大地提高了基础设施的生态服务功能。

这本书不仅提供了实施低影响开发的整体框架，还创新性地提炼出21种常见的低影响开发设施，如植草沟、雨水花园、人工湿地等。这些设施适用于不同的尺度层级与不同的流域位置，既可用于旧城改造与新城开发，也可用于村镇街道与集中居民点的建设，因地制宜、自由组合，为实践提供了极大的自由度和很高的可操作性。这本手册图文并茂，寓理念于实践，生态文明"看得见、摸得着"，诚如尹稚先生所言，"任何一次人与自然关系的理念转变，都需要达成广泛的全社会共识，进而艰难地推进现实中行动的进展"。

2016年3月

何兴元：
中国科学院大学教授
中科院东北地理与农业生态研究所所长
中国生态学学会副理事长
中国林学会常务理事（十届）

理水善用

"低影响开发"的概念引入中国已有些时日了，并逐步演化成很有中国特色的"海绵城市"理念。有政策指导，有学者专著。回顾人类发展史，任何一次人与自然关系的理念转变，都需要达成广泛的全社会共识，进而艰难地推进现实中行动的进展。

卢涛博士翻译的这本书恰恰是一部很好的老少皆宜的科普读物，它把前沿的技术理念常识化，把复杂的技术环节图示化，承担起向公众传播的职责，而这正是中国的专家学者所欠缺的，甚至是某些专家学者所不屑的。衷心地希望这本书如同其原著在美国那样，能进入我们的中小学课堂，能摆上更多公众的书桌，走出一条前沿理念和专业技术的大众化传播路径。

也许细心的读者还会发现，这些由"洋人"总结出来的"理水"理念其实在中国有着数百上千年的传统或传承，只是在西风渐盛的所谓"现代化"过程中，这些"理水善用"的传统多已被淹没了。当历史发生轮回时，我们才发现被自己抛弃的东西又成了新闻……希望能创作出更多指导中国实践的好的科普作品。

随手写出这些感慨，难以为序，算是对卢涛博士辛勤工作的敬意。一位生态学的博士，工作的领域早已超越专业，在岗位上能不忘初心，挤时间译出这本书，实属不易，也在此祝卢涛博士工作顺利、初心永存。

2015年11月

尹稚：
中国城市规划学会副理事长
中国城市规划协会副会长
清华大学生态规划与绿色建筑教育部重点实验室主任

前言

和谐景观

工业革命以来，规划设计面临的最大挑战是如何在人类生活的生态系统中进行设计，并通过基础设施的设计满足更高水平服务的要求。除了提供交通、电力、供水、垃圾处理、土地利用等传统服务外，城市基础设施还必须提供更多的生态系统服务。

生态系统与城市的协同发展将促进大量新的环境营造技术出现。这种协同不能想象为简单的生物过程或物理过程的协调，而是复合景观系统中生物过程与物理过程的协调。低影响开发（Low Impact Development，简称LID）是一个重要的例子，它是一种城市水资源管理的生态学方法，主要解决由地面径流带来的水资源和水污染问题。基于低影响开发理念设计的景观设施（如生态停车场、绿色街道），采用的是不同于传统的景观设计方法，在实践中效果极好，也逐渐被民众所接受。在这之前，人们只注重景观设施的美化作用，而忽略了其生态功能。当然，随着公众对低影响开发认识的提高，这一方法会越来越受欢迎。

我们虽然认识到了低影响开发方法的重要性，但是，在实践中仍难推进，这是为什么？我认为，一个主要原因是，主流的管理思想受到社会发展和技术发展的共同影响，用以指导企业以及政府等部门的工作，从而影响到低影响开发政策的制定和执行。即使多数人认为采用新方法（如低影响开发）具有很多优点，但是城市管理模式往往是技术保守型的，对新的范式呈现出一种潜在的抗拒。我们的实践经验表明，由于不同的利益诉求存在两个维度的"城市"，一种是市长或议员提出美好的愿景而受到拥护，所以支持并积极推动低影响开发政策法规的实施，与之相对应的是基层工作人员的日常运行中的城市，他们负责基础设施的日常维护与管理，特别关注新技术或新方法在实践中会出现什么问题。尽管管理部门已启动实施低影响开发，基层工作人员仍可以在低影响开发提案审批阶段设置条件拒绝采用低影响开发，当然这并非是有意为之。目前，一些实践中的低影响开发设施被当做是城市建设的锦上添花，而不是传统硬质工程的替代。部分地方由此建设的绿色基础设施，是属于冗余性质，使得实施低影响开发本来可以节约的成本被抵消了。而这种成本节约，本是一开始说服人们采用低影响开发措施的主要理由，此时反而成为了低影响开发推行的阻碍因素。

与此相似，市场中的投资者、开发商、按揭提供方等机构，也属于决策保守型，不会轻易去改变已约定俗成的规则。除了风险投资领域，资本市场也喜欢确定性，只有在公共部门激励政策发生变化的时候才会改变。同时，市场中各种机构采取行动需要数据支撑。目前我们还没有比较完整的数据，使人们相信低影响开发或其他生态措施可以全面替代硬质工程措施。支持低影响开发的论据大多是综合了社会、生态、经济三大效益，然后进行经验性投资回报分析而得出的结论。因而，在确定设计方案时，我们需要因地制宜地进行深入研究。例如，园林工作者在推荐使用植物增加渗透性时，就很难有全面的令人信服的证据，以"生物滞留池"为例，如果经常淹水，植物很容易烂根，会降低其寿命，反过来影响生物滞留池的使用效果。只有同时选择了合适的植物和合适的生境，园林工作者才能使其生态功能最优化。好的方法或措施，如不经考虑而使用不当，也会让我们陷入复杂而不可预知的负反馈中。总而言之，仅采用硬质工程措施的机械性的管理思维，已经被宣称安全失控；而我们只有通过展示系统、完整的数据，才能够重新获得所失去的生态智慧。

生态系统与城市协调共生的新时代已经开启，低影响开发实践在其中起到了重要作用，弹性设计的出现毫无疑问集中体现了这种重要性。随着飓风、海平面上升、城市内涝、龙卷风、地震等社会——自然灾害影响的进一步扩大，产生了具有适应弹性的新的"社会—技术"范式。这种弹性是一种在没有丧失系统功能的情况下，一个生态系统从混乱、冲击和干扰中获得恢复的能力。在2005年卡特里娜飓风席卷美国新奥尔良和海湾地区数月之后，我回想起了一位结构工程师关于防洪堤坝安全隐患的惊人断言。他说，从根本上讲存在两种堤坝：一种是已经失败的，另一种是即将失败的。正如我们所知，如果一个流域的水文功能得到保护，其所在的城市化区域在应对飓风和洪水过程会更具弹性。因此，弹性设计需要更深入地了解生态系统和其向城市系统转化中的自我纠错能力。我想我们会很快跳出著名商业思想家纳西姆·塔勒布（Nassim Taleb）关于"反脆弱"的概念，即从干扰和冲击等不确定性中获益，而转向一个具有弹性的稳定态。

无论我们如何为生态措施叫好，传统硬质工程措施已经给予了我们安全的供水与废弃物处理、可靠的电力网络，这些都大大提升了人们的寿命预期和生活质量。相反，生态工程（如低影响开发）更需要精巧地设计，才能创造具有环境敏感性的基础设施。我们的经验表明，在地下水位较高或黏质土壤地区，低影响开发方案需尽可能少地采用渗透技术，而应采用可以促进径流横向流动的城市排水系统。然而，在沙壤土区域，我们就需要更好地利用竖向渗透措施，从而补充地下水。此外，我们正在探索在城市地下水位高的地方把公园改为"集雨区"的低影响开发方案，以便在洪峰期间不能及时排空径流时起到滞留作用。协同发展这个理念将不仅是产生一个低影响开发设计方案，也是一个理念上领先、技术上可行的设计方法，进而创造高标准的宜居环境。低影响开发，可以在缓解资源紧张、减少生态足迹等方面发挥巨大的价值，而这是通向可持续发展的唯一路径，我希望这本书在实现这一城市发展新前景的过程中成为一个有益的设计工具。

2016.3

斯蒂芬·罗尼：
阿肯色大学社区设计中心主任

Preface: Reconciliation Landscapes

In this newly declared Anthropocene, the greatest ongoing challenge to design and planning is designing within human—dominated ecosystems. For cities, this entails a higher level of performance from urban infrastructure. Urban infrastructure will have to deliver ecosystem services in addition to its provision of traditional urban services like transportation, power and water supply, waste treatment, and land—use development.

New forms of placemaking will emerge driven by the reconciliation of ecosystems and the city—by the reconciliation of the biological and the mechanical in recombinant landscapes not imaginable from the simply biological or the simply mechanical. A key example of reconciliation is Low Impact Development (LID), an ecological approach to urban water management, including the problems arising from urban stormwater runoff. LID landscapes, especially "green" parking lots or "green" streets, function well and are appreciated by general populations who never considered that infrastructure could be the foundation for creating beautiful yet productive civil landscapes. Indeed, as public literacy about LID grows, the more popular LID approaches become.

If public perception has grown more favorable toward LID then why is it still difficult to implement? The top reason is that prevailing managerial mindsets governing the marketplace and municipalities (the government unit where LID codes may be enacted in the USA) are by nature tied to the socio—technical models that underwrite their work approaches. No matter how robust the agreement may be on the multiple advantages of adopting new approaches like LID—even personally among conservative officialdom—urban management models tend to be technologically rooted, exhibiting a certain stubbornness or obduracy to new paradigms. Our experiences with local governments show there are two "cities" or factions that act from different interests. The first is the political city of elected mayors and council members who are often rewarded for their visioning and rhetorical skill, including advocacy for adoption of LID codes and practices. Elected officials are usually the progressive forces enabling LID supportive codes and policies. Countering this is the city of staff, the civil servants tasked with commissioning and maintaining infrastructure, and logically tend to be far more risk averse. Though the use of LID may have been enabled by the political city, the staff can place conditions on LID proposals during permitting stages, unwittingly canceling any advantages LID may hold over conventional hard engineering. A common requirement is LID be value-added to hard engineering rather than a substitute for the latter. Such ineffective redundancy in infrastructure eliminates the potential cost-savings in LID practices, the major incentive for adopting LID approaches in the first place.

Likewise, the marketplaces —financers, developers, and mortgage and insurance underwriters— are risk-averse and slow in changing their preferences. Besides the rare venture capital market, capital loves certainty and is open to change only when the public sector incents change. Moreover, marketplaces need data. There is not yet comprehensive data which convincingly favors LID, or soft engineering, over hard engineering preferences. Arguments favoring LID are mostly empirical with talk of triple bottom line benefits—that is, combined social, ecological, and economic return on investment. Here, research is needed to support design decision making. For example, our colleagues in forestry cannot convincingly recommend the use of trees in bioswales as standing water from infiltration likely leads to root rot, shortening average lifespan in trees intolerant of hydric soil conditions. The right plant needs to be in the right place for optimizing ecological functioning. Unmindful ecosystem approaches quickly move us into the realm of complexity and the inevitable unintended consequences that create negative feedback. Data then will help us recapture ecological intelligence lost to the privileging of the mechanical in the alleged fail-safe world of hard engineering.

The emerging field of resilient design will undoubtedly centralize the role of LID practices in developing a new era of reconciliation between ecosystems and cities. The experiences from ever escalating socio-natural disasters wrought by hurricanes, rising sea level and urban flooding, tornados, and earthquakes are prompting a new socio-technical paradigm in resilience. Resilience is the ability of a system to recover from disruptions, shocks, and disturbances without diminishing functionality in a system. In the aftermath of the devastating 2005 Hurricane Katrina that wrecked New Orleans and America's Gulf Coast I recall a structural engineer's startling assertion about the assumed fail-safeness of dams and levees. Essentially, there are two types of dams, he observed: ones that have failed and those that will fail. Most agree that the urbanized area of the coast would have been more resilient to the devastation of hurricanes and flooding if development had upheld watershed functioning throughout the region. Thus, resilient design demands better understanding of the corrective capacities inherent in ecological systems and their translation to urban systems. I suspect we will soon graduate to Nassim Taleb's concept of the antifragile, or systems that grow even stronger from disruption and shock, moving beyond the steady-state metrics of resiliency.

Notwithstanding the argument for soft engineering, heroic engineering has given us safe water supplies, waste management, and reliable national power grids that have greatly enhanced life expectancy and quality of life. Alternatively, place-based soft engineering systems, like LID, require a more craftsman-like design approach to creating context sensitive infrastructure. Our own experience in places with high water tables and clay soils demand LID strategies that use less infiltration techniques favoring horizontal urban water management networks. On the other hand, places with sandy soils favor vertical infiltration and accompanying groundwater recharge infrastructure. Moreover, we are exploring the role of parks as "rain terrains" to hold and evapotranspire water in cities with high water tables where evacuation of water is not possible during peak flow of urban stormwater runoff. Reconciliation does not just yield an end product, but also is a high concept/low tech design methodology that creates places with higher standards of livability. Here, design can add tremendous value while lessening our resource demands, or ecological footprint—the only path to achieving sustainability. I hope that our book becomes a helpful design tool in realizing this new promise in building cities.

2016.3

Stephen Luoni:
Director of University of Arkansas
Community Design Center

目录

绪论

不透水表面

" 在多数情况下，城市降雨初期所形成的'第一波'径流可能比日常生活污水含有更多的污染物…… **"**

《可持续景观——人工湿地》，坎贝尔·奥格登

如果加强城市
排水基础设施的
生态功能，而不是将其
当做环境负担，
结果会怎样呢？

农业产业化

> 与产业化农耕相比，草坪需要更多的设备、消耗更多的能源和劳动力、使用更多的农药，在美国，生产草坪是最大的农业生产产业。

《发现》，"草坪生物学"，理查德·博迪克，2003.7

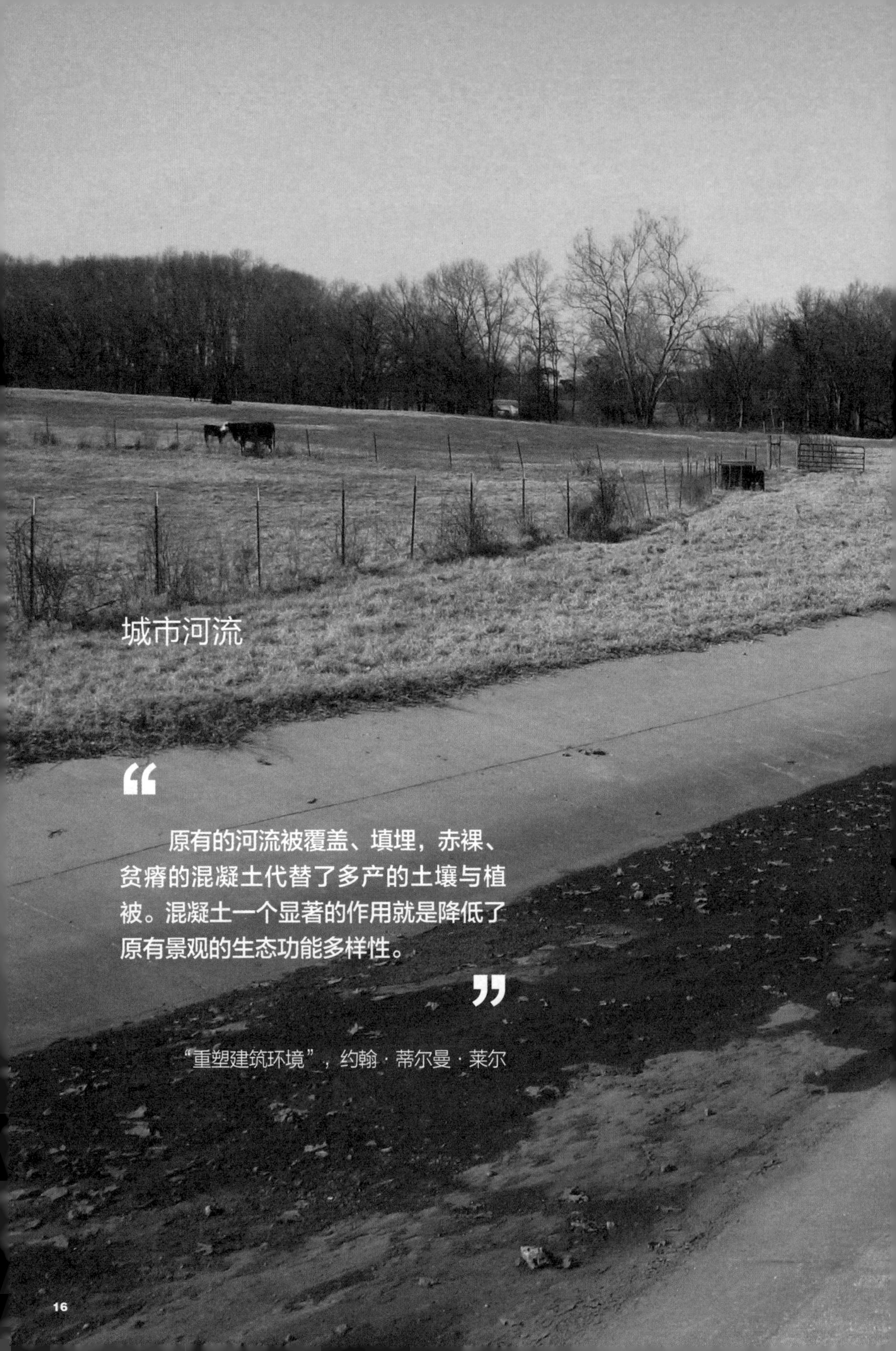

城市河流

> 原有的河流被覆盖、填埋，赤裸、贫瘠的混凝土代替了多产的土壤与植被。混凝土一个显著的作用就是降低了原有景观的生态功能多样性。

"重塑建筑环境"，约翰·蒂尔曼·莱尔

城市扩张

> 研究表明，当一个汇水区内不透水面积达到 10%，河流生态系统就呈现出退化迹象；达到 30% 就伴随着严重的不可逆转的退化。

波特兰大都市区
《绿色街道：雨洪和河流交叉口创新解决方案》

" 千百次的冲刷所造成的损毁 "

洪涝灾害

水污染

水流侵蚀

低影响开发要做的就是
使硬质工程软质化……

软质工程能提供 17 种生态服务

1. 大气调节
2. 气候调节
3. 干扰控制
4. 水分调节
5. 水分供应
6. 侵蚀控制和沉淀滞留
7. 土壤保育
8. 养分循环
9. 废物处理
10. 传粉
11. 物种控制
12. 庇护所 / 栖息地
13. 食物生产
14. 原材料生产
15. 基因资源
16. 休憩
17. 丰富文化

硬质工程

有人认为，基于生态的雨水管理措施在人口密集的城市区域难以奏效，但是请对比下面的情况……

这是 8000 人的小镇

软质工程

这是 400 万人口的城市

硬质工程

集雨口作为排水管理系统的一部分，用于阻止碎屑和沉积物进入市政管网。

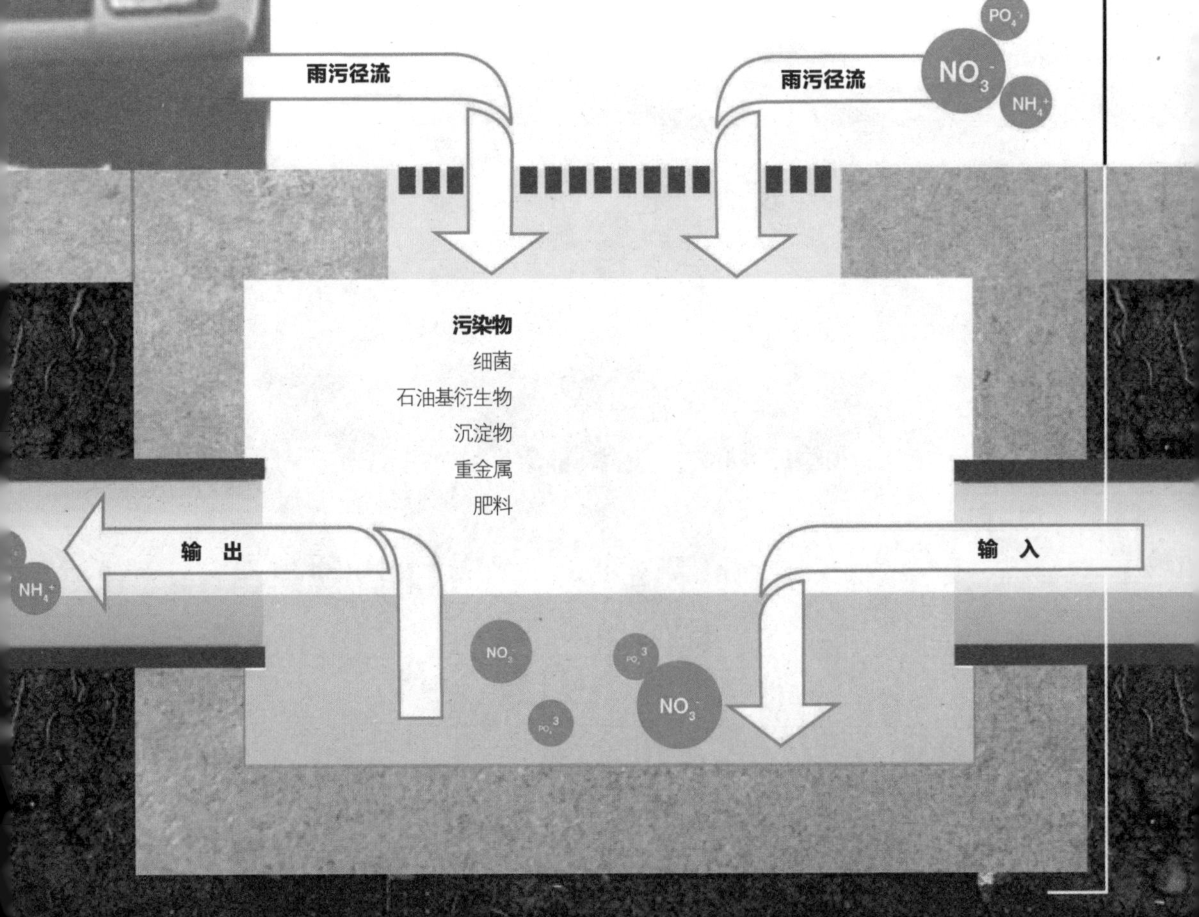

物理学处理方式

雨污径流

雨污径流

PO_4^{3-}

NO_3

NH_4^+

污染物

细菌

石油基衍生物

沉淀物

重金属

肥料

输 出

NH_4^+

输 入

NO_2

PO_4^{3-}

NO_3^-

PO_4^{3-}

NO_3^-

软质工程

植物修复是指利用绿色植物来吸纳、降解或消除污染物，减轻对水、土壤或空气的影响。

当做营养元素被植物吸收

植物固定

利用植物根系吸收或者吸附污染物，将其滞留在根系区域。

O_2 N_2

P N P N

O_2 N_2

NO_3^-

NO_3^- PO_4^{-3} NH_4^+

雨污径流

吸收

PO_4^{-3} NO_3^-

生化降解

植物萃取

利用植物将土壤、淤积物或水中的污染物转移为可收获的生物量。

根储存

生物降解

植物代谢过程将污染物分解或裂解成简单的分子或化学元素。

植物挥发

植物从土壤中吸收污染物，然后又通过蒸腾作用将其释放到空气中去。

PO_4^{-3}

PO_4^{-3}

NH_4^+

硬质工程

仅仅是把污染物从一个地方转移到另一个地方。

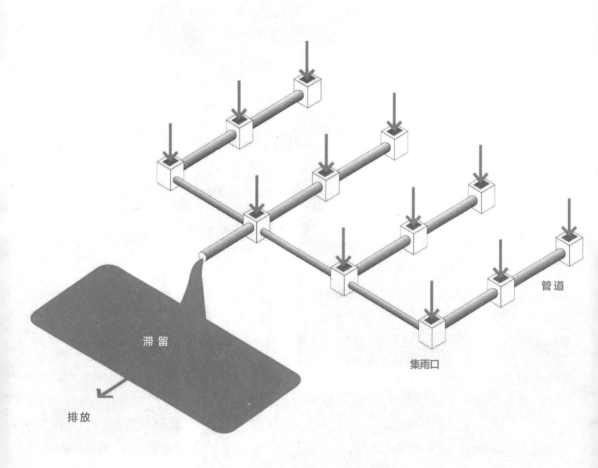

管道

集雨口

滞 留

排放

常规处理："管道—水池"基础设施
汇集、传输、排放

软质工程

在公园就地代谢污染物，而不是从管道排走。

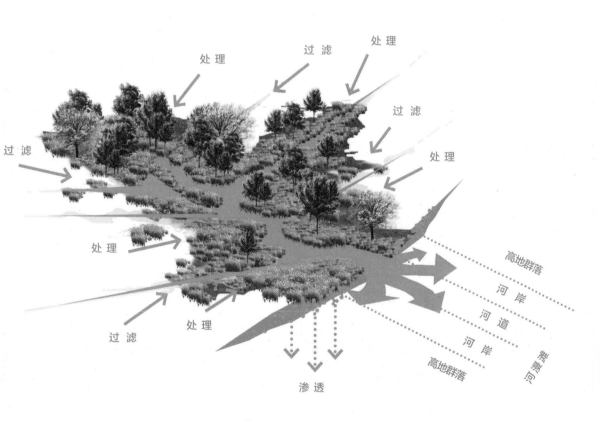

过滤　处理　处理

处理　过滤

过滤　处理

处理

处理　渗透

处理　过滤

高地群落

河岸

河道

河岸

河漫滩

高地群落

低影响处理：流域汇水法
减缓、滞留、渗透

整合硬质工程与软质工程，形成低影响开发方法

物 理 的

水流控制　　　　　　　洼地调蓄　　　　　　　滞 留

减缓 ➝　　　　　　　　　　　　　　　　　　　滞

水流控制：调节雨水径流流速。

洼地调蓄：将雨水径流滞留在涵道、池塘或低洼区域，实行控制性排放，减小洪峰流速。

滞留：就地存蓄雨水径流，沉淀固体悬浮颗粒。

生　物　的

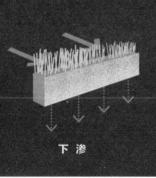

过　滤　　　　　　　　　　　下　渗　　　　　　　　　　生物处理

收 ————————————————————————————→ 渗透

过滤：利用沙子、根系纤维或人
造过滤器过滤、沉积雨水径流中
的固体颗粒物。

下渗：雨水径流穿过土壤向
下渗透，补给地下水。

处理：利用植物修复与细菌
群落代谢过程来降解雨水径
流污染物。

第一章

什么是低影响开发

什么是低影响开发？

　　低影响开发是一种基于生态的雨洪管理方法，倾向于利用植被网络等软质工程来管控、处理区域内雨水径流。低影响开发是利用渗透、过滤、储存、蒸发、蒸腾等生态过程来维持场地开发前后的水文平衡。常见的"管道—水池"排水基础设施主要利用集雨口、管道、路缘石以及沟渠将雨水径流排往别处，而低影响开发则利用分散布局式的景观设施来处理、修复雨污径流。

第一节　城市雨水基础设施

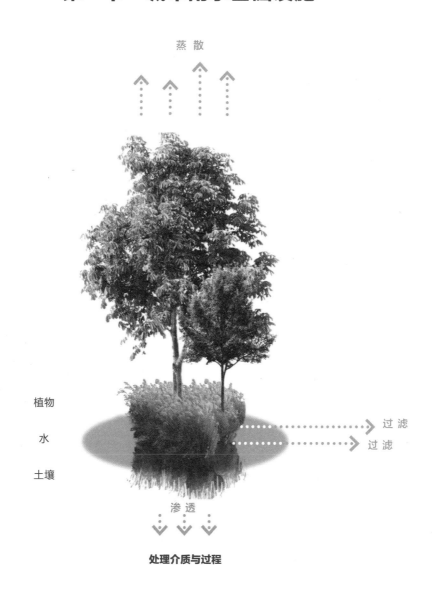

蒸　散

植物

水

土壤

过滤

过滤

渗　透

处理介质与过程

雨水基础设施可以绿化城市、提高生态效益

一、摘要：绿化城市

水和石油都是自然资源，科学家们坚信"水将成为未来的石油"。对水资源持续增长的需求与有限供给之间的矛盾，必将造成资源配置时经济、社会和环境方面的冲突。水资源问题虽然具有地区差异性，但获取安全饮用水已成为全球性挑战。全世界每天约有 8000 名儿童死于饮用水污染所造成的疾病。在发展中国家，饮用水的供应是有限的，尤其是在缺少自然水源的干旱地区，输水的能源成本和随之而来的资源短缺导致了水的限额供给。人类活动比如像工业化农耕，它大尺度地改变了自然水补给过程，导致了地下含水层的枯竭。它会阻断地下水补给、改变河水基流、侵蚀地质稳定等，例如，墨西哥城与新奥尔良地下水位下降造成地面的沉降与下陷。流域内相邻的国家常因水资源所有权、流域管理权矛盾，发生争夺水资源的冲突。

与石油类似，水可以作为一种商品被私有化或者进行买卖。快速的城市化对地下水质的影响使生活用水问题日趋严峻，尤其是在雨量充沛的地区。本书旨在阐述水（特别是雨水）与城市化的关系，以及"绿色"发展对保障水质的作用。

美国环保署流域性指标指数显示，美国仅有 16% 的流域水质良好。除工业和农业排放外，污染大多来自城市雨水冲刷所造成的面源污染。在降雨初期，雨水将不透水表面上的污染物统统冲入下水道。

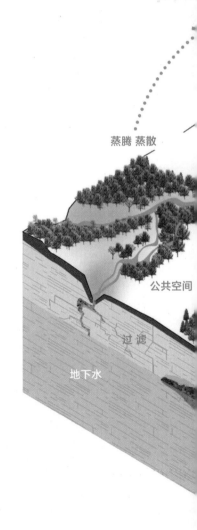

蒸腾 蒸散

公共空间

过滤

地下水

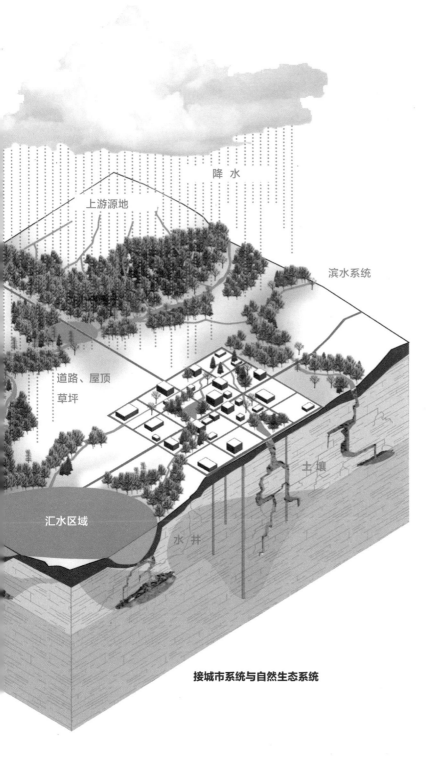

降水

上游源地

滨水系统

道路、屋顶
草坪

土壤

汇水区域

水井

接城市系统与自然生态系统

在强降水初期，城市雨水径流的污染指数比未处理的生活污水的污染指数要高很多。

在机动车作为主要交通方式的区域，雨水径流中含有大量的碳氢化合物和重金属。这类的污染物主要来源于生活垃圾、油脂、草坪养护类药剂、汽油、刹车液、柏油路面和沥青屋顶，它们随雨水径流进入流域，最终沉积到环境中。常见的雨水管理硬质工程采用"管网—水池"模式对雨水进行引流，收集后直接排往别处。雨水管网像大多废物处理设施一样，只是简单地将污染从一个地方转移到另一个地方。

除了降低水质，雨污径流还对河流造成了广泛的损害，我们通常称之为"城市河流综合征"，表现为经常性的瞬时洪水、河道形态改变、营养物质与污染物富集、河底污泥淤积、生物多样性丧失、水温升高等特征。

河流代谢失衡损害了系统的生态功能，因此破坏了健康河流所能提供的生态服务功能，包括四个基本类别：（1）食物、水和能量的供给服务；（2）净化水和空气、控制疾病传播的调节服务；（3）促进物质循环再生的支撑服务；（4）增加知识、提供休憩场所、提升精神文明的文化服务。洪水泛滥导致生态服务功能丧失的代价越来越高，土壤侵蚀、热

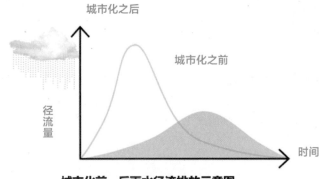

城市化前、后雨水径流排放示意图

岛效应和环境污染使地产不断贬值。伴随着灌溉的需求越来越大，我们需要采取更富远见的管理措施来解决城市面源污染问题，探索绿色发展解决方案。在不增加成本的情况下，合理的规划设计可使基础设施提供更多生态与城市的服务功能。采用低影响开发模式，不仅街道不再是生态环境负担，而且河流、湖泊的生态功能也将得到加强。

水资源、土地资源应该协调开发。低影响开发实践证明，基于生态的软质工程可以降低城市化对环境的有害影响，特别是在自然地面或多孔介质被不透水表面代替的时候。

令人震惊的是：在过去 40 年，不透水表面增长率超过了人口增长率的 5 倍。

二、从单体到网络：从最佳管理实践到低影响开发

最佳管理实践（BMPs）已被普遍用于常规的硬质工程，以便管理单体项目，但它更加倚重工程而不是规划设计。美国环保署在意识到需要更加全面地认识雨水径流后，赋予了最佳管理实践新的内涵：在实践中行得通且能有效减少或阻止面源污染物总量的措施，或者此类措施与方法的组合。目前，最佳管理实践使用物理过程和生物过程作为雨水径流数量和质量的指征。

地块到社区、城市、区域，最佳管理实践低影响开发设施从点到面，形成分布式网络，在雨水到达受纳水体之前对其进行处理，既降低了径流总量，又改善了水质。低影响开发是在实施"精明增长"战略过程中发展起来的，例如建设紧凑而适宜步行的社区、保护开放空间等。低影响开发的成功实施需要业主、开发商以及整个城市都参与到全面的规划设计过程之中，每一个人都发挥着重要的作用。

第二节　低影响开发实施及设计原则

一、流域法三原则

1. 提高景观生物多样性

大量的草坪和沥青改变了地表地貌，代替了自然水文循环所必需的原生土壤植物群落。低影响开发依靠地球生物化学过程来管控、处理雨水径流，而不是低质机械过程。低影响开发提倡节水园艺，采用抗旱植物构建节水景观，实现生态服务功能的最大化。标准化草坪靠化肥和除草剂来维持单种栽培模式，扼杀了景观生物多样性。

2. 增加渗透，减少径流

城市化造成了湿地、森林、植被覆盖的减少和土壤腐殖质的流失。然而这些自然生境要素却是构成环境承载能力的基础，它们减缓、分散、渗透雨水径流，保持流域水文功能的稳定。低影响开发就是利用渗透性地表和网络化植物群落来调节雨水径流，缓解雨污面源污染的。

3. 设计分布式水文循环网络

常规的硬质基础设施先聚集、滞留雨水，然后导流、排放到别处，径流中的污染物只是被转移到了其他地方。对照低影响开发，雨水径流在流经分散的、高连通性的、高容纳能力的基础设施网络时，得到了有效处理。

像海绵一样的土壤

大量不透水地面

街道、停车场和屋顶可以设计成雨水花园，用以减缓、分散滞留、渗透雨水径流。

生机盎然的植物群落

城市滨水区保护

均衡增长

生物学功能缺失

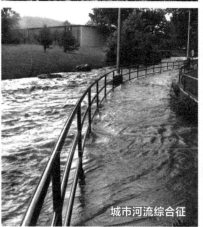
城市河流综合征

城市蔓延

城市中多产植物群落所能提供的生态服务功能是草坪与不透水地面等修饰性景观所不具备的。

正如景观设计师所说，如果森林公园是"城市之肺"的话，那么健康的河流系统就是"城市之肾"。

通过填埋湿地、平整场地或许可以实现开发效率最大化，但破坏了自然生态资源。良好的城市用地规划应兼顾地方生态系统的格局与过程，而不是破坏。

二、低影响开发流域法

生态学第一法则指出，生态系统中所有的事物都是相互联系的，所有动物、植物、微生物都是协调共生关系，所有有机体作为生物组分，与所处的非生物环境之间是作用与反作用、相互影响的关系。生态学思想为我们提供了全面理解低影响开发协同过程的依据。

低影响开发所采用的"流域法"是将汇水区作为单独的规划单位，而不是依据行政边界或产权边界来划分；该方法在开发过程中可依据流域环境兼顾经济、生态与社会效益。低影响开发依靠流域水文循环等相关的自然过程起作用，其常用技术和最佳管理实践一样。从根本上讲，它是一种依赖于当地土壤植物群落和流域水文特性的"场地—边界"开发方法。我们都知道自己生活在哪个国家、哪个城市，也应知道自己生活在哪个流域，更应了解个人活动、集体活动对关系到我们福祉的关键性自然资源产生了哪些影响。

传播者

1. 将土壤和植物作为处理设施

低影响开发场地设计从水文模拟开始，以地形、地貌、土壤类型、植被覆盖和汇水格局为基础。常见的硬质工程基于通用的径流排放标准，更热衷于满足峰值排放需求且成本高昂的设计，而非兼顾环境敏感性的设计。低影响开发则针对特定的场地进行有针对性地设计，是一种更加高效的规划与设计。虽然低影响开发源于土地富足的郊区开发实践，但它同样适用于人口高密度的城市地区。因此，在此类混合系统中，为满足百年一遇的强降雨径流排放要求，需要整合常规的硬质工程与低影响开发生态工程。

植物与土壤 — 自然的水处理设施

授粉者

分解者

吸收者

吸收交换

松土透气

养分循环

低影响开发利用生态工程来存蓄雨水径流，通过植物土壤群落中的生物学过程来处理径流污染物。微生物可分解挥发性有机物，降低其活性，特别是在根际土壤周围。与所有有机过程一样，低影响开发设施网络是否能达到最佳效果，取决于时空尺度，并且需要不间断的水分输入。

2. 不透水表面解决方案：土壤像海绵一样

原生土壤对储存、传输、处理雨水径流起关键作用。构成土壤结构的土壤孔隙与土壤裂缝起到导管的作用，将地表水输送到地下水系或地下含水层。土壤生物和有机质经过理化反应，结合矿物颗粒形成土粒，按不同的组合排列就构成了不同的土壤结构。表土层一般 15~30 厘米，富含有机质或生物活性物质。土壤的质地和结构决定了土壤孔隙大小与抗侵蚀能力、植物根系是否可穿透、是否易于耕作。例如，黏土的渗透性最差，而砂土的渗透性最强。

土壤湿度、间歇性水和腐殖质起到植物营养循环转运介质的作用。不妨想象一下，草原和森林自然生态系统在没有耕作和肥料的情况下是如何运转的？它们虽然没有机械耕作，但有土壤生物的"耕作"，如蚯蚓、蠕虫等。

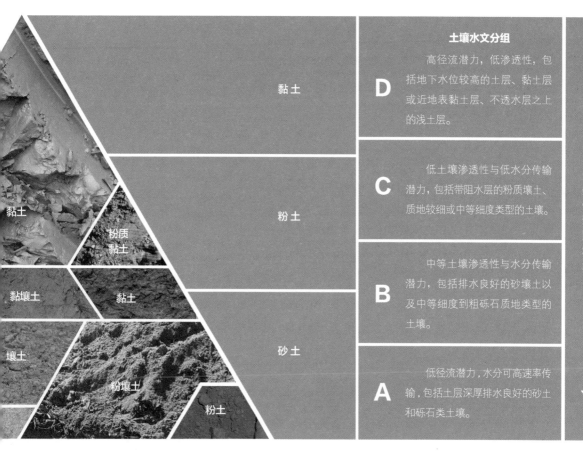

黏土

粉土

砂土

黏土

粉质
黏土

黏壤土

黏土

壤土

粉壤土

粉土

土壤水文分组

D 　高径流潜力，低渗透性，包括地下水位较高的土层、黏土层或近地表黏土层、不透水层之上的浅土层。

C 　低土壤渗透性与低水分传输潜力，包括带阻水层的粉质壤土、质地较细或中等细度类型的土壤。

B 　中等土壤渗透性与水分传输潜力，包括排水良好的砂壤土以及中等细度到粗砾石质地类型的土壤。

A 　低径流潜力，水分可高速率传输，包括土层深厚排水良好的砂土和砾石类土壤。

渗透性逐渐增大

土壤质地分类三角

三、低影响开发应用

1. 低影响开发应用：土壤与场地

低影响开发需要对场地土壤进行详细的分析，特别是低影响开发设施区域，以便确定土壤的水文类型和渗透能力。根据土壤结构类型，年降雨量的10%～40%可以渗透到地下补给地下水。优秀的低影响开发规划将新建的不透水路面放在低渗透性土壤上，将低影响开发设施放在高渗透性土壤上，方便渗透和处理雨水。

具有专业资质的土壤勘察人员根据土壤紧实度、质地、深度以及其他指标把土壤水文特性分为四类（A、B、C、D）。壤土被认为是比较理想的渗透性土壤，但通常为了避免大规模的土壤改良，需要根据场地土壤现状进行设计。像雨水公园这样小尺度的项目可能并不需要详细的土壤分析，一张土壤图、一个渗滤试验就够了，以便确定土壤的渗透速率。

（1）开工前。

制定侵蚀与沉积控制计划。在设施区域钻探取土确定土壤类型、地下水深度或地下水水位，进行渗滤试验确定土壤渗透速率。根据基础设施和易于压实区域的位置划定"禁止碾压区"，防止重型设备碾压该区域。

（2）施工期。

使用侵蚀和沉积控制装置。执行禁止碾压计划，避免压实土壤。避免雨天作业，因为湿土更容易被压实。

（3）竣工后。

使用土壤改良剂改良土壤，添加砂壤土，增加土壤渗透，利用堆肥改善土壤微生物群落。定期清理设施区域的垃圾，防止阻塞。

开工前

进行土壤钻探，采用钻孔或挖坑的方式进行渗滤试验。

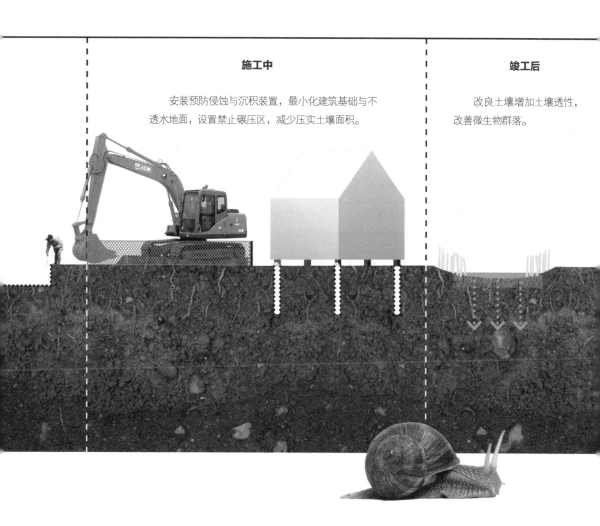

施工中

安装预防侵蚀与沉积装置，最小化建筑基础与不透水地面，设置禁止碾压区，减少压实土壤面积。

竣工后

改良土壤增加土壤透性，改善微生物群落。

（4）生物学解决方案：植物过滤器。

植物的根系可吸收、过滤、处理雨水，根、茎、叶的凋落物还能衰减暴雨径流，促进渗透。植物枝叶也能截留雨滴，减少降落到地面的雨水。植物根系深入土层，穿透岩石，疏松了土壤，也间接地促进了雨水渗透。这些过程都有利于土壤的熟化与微生物繁殖。

植物连接着土壤和大气，在必须与限制其新陈代谢的环境相适应的条件下，与土壤里的真菌、细菌、昆虫以及其他生物相互作用，形成了独特的群落环境。例如，湿地群落与落叶林群落之间的差异取决于土壤湿度和温度变化、降雨量以及日照长度的极值。植物群落是生态服务功能的基础。理解植物与土壤的相互作用是我们设计生态系统服务功能的基础。

不同植物群落之间的过渡区域通常被称作"生态交错带"，是地球上生物多样性最高、最丰产的区域。例如河岸缓冲带，河边的兼生植物群落连接着水体和陆地，可提供多种多样的生态服务。低影响开发设施也需要兼生植物群落，以适应干、湿往复的自然环境。兼生植物不但能控制泥沙淤积，还能调节浅滩水温。这对水陆交错系统中重要的酶交换过程以及维持水生动物生境十分必要。

2. 低影响开发应用：植物与场地

在描述场地水文特征时，应对照生态区位列出植物群落名录。低影响开发设计最核心的原则就是保护与优化现存的、将用于雨洪管理的兼生性湿地植物群落。本土植物能增加生物多样性、促进植物修复、改善微生物群落，这对维持低影响开发系统弹性至关重要。非入侵性外地物种也可使用，但本土物种能更好地与当地的生物群落建立协同机制。

自然地适应当地环境是生态系统进化的一个重要过程。生态系统的稳定要经过植物群落的自然演替，由原生草种和小灌木等先锋植物群落进化到更为复杂的针叶林或阔叶林。生态系统演替的每一阶段都是朝着消耗能量逐渐减少、生态服务不断增加的方向进行，例如，红树林就是单位生物量所需能量最少的群落之一。关于植被的低影响开发原则如下：

兼生性范围

高地植物　　　　　　挺水植物　　　　　　　沉水植物

水位线

水陆交错带

（1）保护开发前的植被。

在建设过程中保护现存的植被与城市林地，特别应保护水体边的植被覆盖。严禁重型机械停靠或穿越植物根系周围区域。

（2）防止侵蚀。

在施工期间或竣工后，不要清理掉全部的地面附着物，铺设侵蚀控制卷材和吸水秸秆，撒播一些野牛草或野麦草，用以稳定临时堆积的表层土。

（2）修复生态服务功能。

根据场地区位环境，重建某些关键性生境和人工湿地。

（3）解决方案：将水作为溶剂。

大规模的景观养护与景观美化所造成的氮、磷、钾过量积累和生活污水渗漏以及动物粪便，都对自然水文循环造成了损害。营养元素随雨水径流进入水体，促使藻类大量繁殖，降低了水体的溶解氧水平，最终导致十分常见的水体富营养化。

庭院垃圾中有大量的细菌，随雨水冲淋进入地表水，其分解活动也将影响水质。来自机动车、农药以及建材的汽油、重金属、有毒物质对水生生命系统都是有害的，低影响开发设施可增加此类物质的惰性以减轻危害。

第一年： 如果需要，进行土壤改良；种植初期，根系开始形成。

群落形成阶段

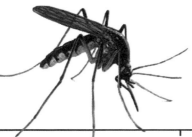

病虫害综合治理

　　紫崖燕和蝙蝠一小时能吃掉 200~300 只蚊子；其他捕食者，如蜻蜓和鱼类，能消灭水中的蚊子幼虫。

第二年： 植被根系统基本形成；引种其他植物，创造小生境。

第三年： 形成多样化的生境，系统变得更加自治。

第四年： 形成顶级群落，系统走向自我可持续。

种子传播者

捕食者

传粉者

食物来源

分解者

消费者

疏松土壤

提供肥料

消化吸收与交换

弹性增加阶段　　　　**系统稳定阶段**

3. 低影响开发应用：水与场地

低影响开发设计需要深刻了解场地水的水文特征：区域降水、水分的传输与分配。在开始阶段，必须深入了解场地的自然水文状况、上下游连通性、汇水区位置和径流路径。了解场地所在区域平均降水总量对规划与设计雨水径流管控措施十分重要。根据降水的时间长度、强度和总量大小将其划分为不同的降雨等级，通常以"年"来表示，如"十年一遇"。这可能产生误解，"十年一遇"并不是说十年才发生一次，而是说在任何给定的年份中有10%的出现概率。换句话说，"百年一遇"就是每年有1%的出现概率，并不意味着在同一年内不能出现两次。

四、低影响开发设计三原则

城市化过程中，三类不同的规划系统造成了生境的减少与破碎化，同时也降低了生物多样性。按照一系列特定的原则进行设计，可提高城市基础设施的生态服务水平。遵从系统冗余、生物多样性以及分散布局原则，通过模拟生态系统重要的生态过程来提高景观的弹性与承载力。应用这些原理是设计一个高效的低影响开发雨水处理网络的关键。

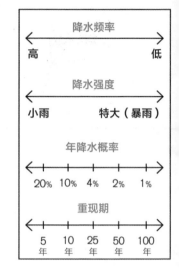

降水等级分类图

冗余

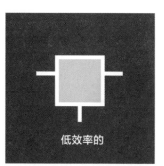

低效率的

高效率的

弹 性

低效率的

高效率的

分 布 式

1. 冗余

为避免系统性失败，低影响开发基础设施保持一定的冗余度十分重要。虽然一些设施在独立应对短时强降雨或者洪峰冲刷时运转良好，但分散的基础设施相互连接所创造的系统冗余为雨水径流提供了多种路径选择，降低了间隔效应，提高了整体性能和系统服务水平。低影响开发利用传统工程与生态工程，混合地面设施和地下管网相连，来应对"百年一遇"的强降雨、土壤排水不良等问题。

2. 弹性

为达到生态效益最大化，低影响开发需要整合不同服务水平的基础设施来减缓、分散并下渗雨水径流，以便确保系统弹性满足最大排放需求。水流控制、雨水存蓄等简单设施应与功能更健全的低影响开发设施相结合，过滤、渗透并处理雨水径流。健康的生态系统更能适应外部或内部扰动带来的新陈代谢变化。生物多样性能增加系统弹性，缓冲干扰，适时进行自我修复。像自然生态系统一样，扩大生态交错区域可优化系统弹性，提升传统工程的适用性。

3. 分布式

分散的空间布局，优化了场地的承载力，避免了聚集所导致的缺陷。水质与水量具有累积效应，即使很小的设施也能提供有益于整个网络的多种复合作用。与一个大的设施相比，几个小的设施一起通常能提供更大的处理能力、更多样化的生境，同时更适于生态敏感区。

五、低影响开发：从单体到网络

通常，地产开发项目的基础设施设计、工程管理、资金筹措是彼此分开的。*The Gift of Good Land* 的作者温德尔·贝瑞根据生态学实践告诉我们，"一个好的解决方案往往保留了原生态系统的格局与过程的完整性"。因而，在不同尺度上（建筑、地产、街道、开放空间）采用流域法进行低影响开发时需要整体性规划。

每一个开发单元都有其固有的可扩展的雨水循环利用技术，各单元之间的相邻区域或者生态交错区域，可作为建设低影响开发基础设施网络的优先选择区域。

地块： 减少不透水地面，用丰产景观代替草皮，增加雨水渗透。

开发过程管理的破碎化是整体规划低影响开发网络的最大障碍。一方面，缺乏综合管理，公路、水利、园林各部门各自为政，并且经常背道而驰。另一方面，第一笔建设资金筹措困难，后期管理维护的投入也严重不足。尽管在管养维护方面的投入能带来数倍的投资回报，但人们从来不关心公共设施的投资回报问题。因而，每个组成单元都需要一个主体（业主或机构）来参与开发商之间、城市之间或区域之间的利益博弈。低影响开发需要个体去实施项目方案，更需要区域协作来使其更好地运转。

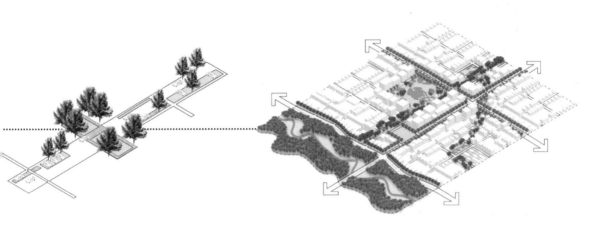

街道： 减少径流量，进行过滤处理，提高环境质量。

网络： 包括区域内连接到雨洪管理系统的所有雨水处理基础设施。

第二章
如何实施低影响开发

如何实施低影响开发？

　　低影响开发理念适用于不同的土地利用类型，适用于不同规模的项目。本章内容将城市开发建设划分为四个尺度类别，包括建筑、地产（地块）、街道和开放空间，分别阐述各类产权人的投资行为策略，目标不仅仅是降低城市开发对环境的影响，而是要发展多产的、生态功能可持续更新的城市景观。

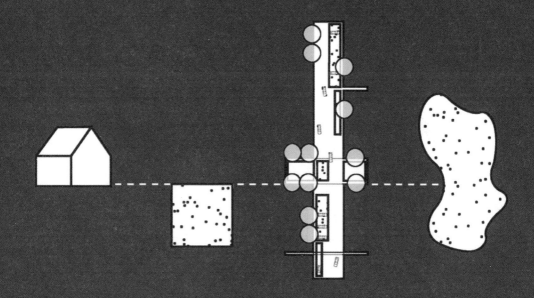

建　筑	地　产	街　道	开放空间
将建筑设计成收储雨水和补给地下水的生产者。	用基于生态的雨洪处理系统代替装饰性景观。	设计成花园式的街道，管理雨水径流、降低噪音。	在流域尺度上将其设计成提供重要生态服务的绿色网络。

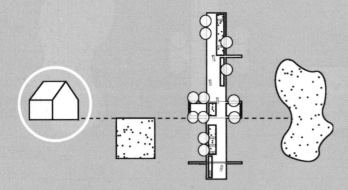

第一节 建 筑

常规的：汇集、传输、排放。

低影响的： 减缓、分散、渗透。

一、概论

目前，小尺度屋顶植入技术的应用为雨水收集提供了机会。"智慧建筑"通过优化环境与建筑之间的反馈达到能源消耗负支出，低影响开发设施只是它的一个方面，可根据生态服务水平进行选择。最简单的生态服务是用屋顶雨水补给地下水，通常选用有利于减缓、分散或渗透雨水的设施，应避免集中排放雨水。高水平的生态服务是利用"植物—土壤"群落来吸收和蒸发雨水。绿色屋顶是最佳的建筑隔热设施，可使采暖和制冷需求最小化；墙面绿化可使夏季避免阳光直射，并使冬季风荷负载减小。

根据所造蓄水池的不同，雨水收集可提供三种基本的生态服务：最简单的是收集雨水灌溉户外景观；中等水平的是结合建筑灰水供应，满足冲厕、景观灌溉等非饮用水需求；最高水平的是将收集到的雨水处理后当做饮用水。

雨水渗透和处理设施应设置在建筑的附近，但渗透设施距离建筑物应不少于 3 米。因为雨水渗透可能引起土壤的收缩与膨胀，可能影响建筑物的基础。

蒸发、蒸腾

滞留

渗透

如何改造屋顶？

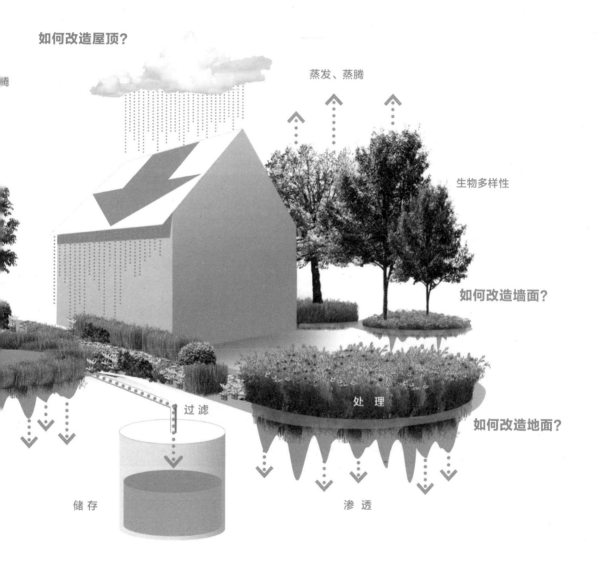

蒸发、蒸腾

生物多样性

如何改造墙面？

过滤

处理

如何改造地面？

储存

渗透

二、雨水收集设施

1. 屋顶材料

在100平方米的屋顶上，10毫米降水大约产生1立方米水。

沥青、石棉瓦

此类屋顶产生的径流中污染物含量较高，收集的雨水不能用于生产性景观灌溉或者饮用水供给。防水卷材包括三元乙丙橡胶、改性沥青、柏油碎石层，其主要成分均为石油类衍生物。

收集潜力：低；

减缓热岛效应：低；

初始成本：低；

使用寿命：15~20年。

防水卷材

此类屋顶产生的径流中污染物含量较高，收集的雨水不能用于生产性景观灌溉或者饮用水供给。防水卷材包括三元乙丙橡胶、改性沥青、柏油碎石层，其主要成分均为石油类衍生物。

收集潜力：低；

减缓热岛效应：低；

初始成本：低到中等；

使用寿命：10~30年。

木瓦

防腐木析出的雨水含有毒素和致癌物质，应尽量使用典型的非处理木材，例如松木、杉木。

收集潜力：中等；

减缓热岛效应：中等；

初始成本：中等；

使用寿命：10~20年。

雨水收集注意事项 —————

在考虑雨水收集时要牢记，经石油类材料和防腐木材料过滤过的雨水是有毒的。研究表明，这些物质会导致癌症和精神障碍。从这些屋顶收集的雨水只能用来灌溉装饰性景观。

黏土瓦

　　此类屋顶产生的径流几乎不含沉淀物；表面反射率较高，能减缓热岛效应；雨水收集潜力较高。

收集潜力：高；

减缓热岛效应：中等；

初始成本：中等；

使用寿命：50~75年。

彩钢瓦

　　此类屋顶产生的径流中污染物水平很低，具有较高的雨水收集潜力。

收集潜力：高；

减缓热岛效应：高；

初始成本：高；

使用寿命：40~60年。

绿植屋顶

　　此类屋顶能处理、滞留60%~100%的雨水，还能改善空气质量、减缓热岛效应、增加城市生物多样性。

收集潜力：高；

减缓热岛效应：高；

初始成本：高；

使用寿命：40多年。

→ 雨水安全收集潜力

　　从这些屋顶收集的雨水对生产性景观是安全的，它们没有污染物风险，但是需要过滤和消毒才适合做饮用水。

2. 墙面设施

排除水沟

雨链

雨水桶

（1）替换或者拆除排水沟。

切断与下水道相连的排水沟，将雨水留存在场地内。在拆除时请注意，利用屋檐或滴水檐将雨水导入可减缓或分散雨水径流作用的低影响开发设施中。与雨落管相比，雨链对高额降水具有较好的减缓作用；要有效应对十年一遇或百年一遇的降水则需要地面设施的补充。这充分证明了系统冗余的重要性，每一个雨水处理设施都是相互连接协同工作，而不是孤立的。

（2）雨水收集。

最简单的雨水收集方法就是将现有的排水系统与蓄水池或水箱连接起来。蓄水设施应避免阳光照射以阻止水藻的生长；应遮盖开口，防止蚊虫滋生。常见的住宅蓄水池体积一般在 500~11500 升。金属屋顶和绿色屋顶最适合雨水收集，所有的溢流都应该转移到场地内的低影响开发设施中。

立面绿化

墙面绿化

蓄水池

（3）墙面绿化、立面绿化。

墙面绿化、立面绿化是比较昂贵的低影响开发设施，但它能提供多种生态服务，比如提高空气质量，缓解热岛效应，对建筑进行隔热，提高能效及美化环境，还可以过滤屋顶上的雨水径流。

3. 地面设施

水簸箕

砾石洼地

（1）软质景观。

对传统屋顶而言，将收集雨水的水簸箕与砾石洼地穿连起来，可以使纵向的雨水径流水平分散到地面低影响开发设施网络中。砾石洼地像干涸的河床一样可减缓、分散、输送雨水径流。在陡坡处，砾石洼地的底部应铺设土工布，防止径流冲刷造成水土流失。对于面积较大的屋顶，砾石洼地应该宽一些，也可以使用水流控制装置以减缓径流，例如水平分流设施。

干过滤井

（2）地下储存。

将地下储水装置连接到现有的排水系统，以便收集视野外的雨水。像地上雨水收集系统一样，收集的雨水必须避光以阻止水藻生长繁殖，必须遮蔽开口以防止蚊虫滋生。金属屋顶、绿色屋顶最适合雨水收集，所有的溢流都应该转移到低影响开发设施中。

雨水花园

节水花园

地下储水箱

（3）提升生态效益。

　　雨水花园可增加生物多样性，提高生态服务水平，通过过滤、渗透等生态过程来改善水质。可以将低影响开发设施设计成蜜蜂、蝴蝶和候鸟等花粉传播者与种子扩散者的栖息地。低影响开发设施与草坪相比，景观具有丰产性和自组织性，只需要很少的维护就能提供更多的生态服务。

三、如何收集雨水？

　　根据不同的水质目标，雨水收集有六个基本组成部分，包括收集、传输、过滤、储存、分流和净化。雨水收集量取决于集雨面大小、表面质地与孔隙度、屋顶坡度以及年降雨量。不考虑集雨面具体材质，估计会有 10%~70% 的传输损耗，主要与传输材料的吸附渗透、径流蒸发和收集效率有关。降雨初期的"第一波"径流在雨水收集时应注意：

　　（1）在有些区域收集雨水是违法的；

　　（2）雨水收集应用要有明确的用途，如景观灌溉、灰水利用（冲厕所）饮用水供给。

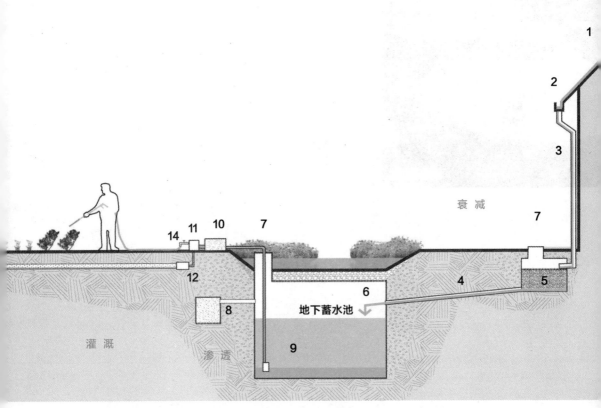

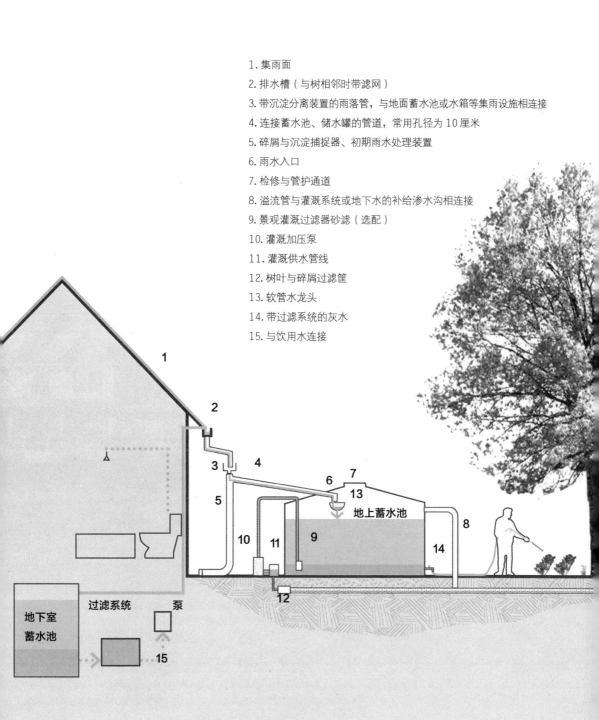

1. 集雨面

2. 排水槽（与树相邻时带滤网）

3. 带沉淀分离装置的雨落管，与地面蓄水池或水箱等集雨设施相连接

4. 连接蓄水池、储水罐的管道，常用孔径为 10 厘米

5. 碎屑与沉淀捕捉器、初期雨水处理装置

6. 雨水入口

7. 检修与管护通道

8. 溢流管与灌溉系统或地下水的补给渗水沟相连接

9. 景观灌溉过滤器砂滤（选配）

10. 灌溉加压泵

11. 灌溉供水管线

12. 树叶与碎屑过滤筐

13. 软管水龙头

14. 带过滤系统的灰水

15. 与饮用水连接

1

2

3

4

5

6

7

13

地上蓄水池

8

10

11

9

14

12

地下室
蓄水池

过滤系统

泵

15

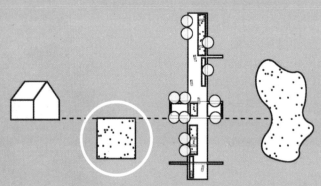

第二节 地 产

常规的: 汇集、传输、排放。

低影响的：减缓、分散、渗透。

一、概论

在中、低密度的城市地区，地产（地块）是实施低影响开发的基本单元。实施低影响开发则需要减缓过滤或渗透场地内的地表径流。"植物—土壤"群落对维持场地内的自然水文循环至关重要，但在开发过程中，草坪和沥青却成了使之消亡的罪魁祸首。在城市低影响开发实施过程中，地产的业主是成功与否的关键。本部分内容主要关注草坪与停车场的低影响开发解决方案，阐述减小不透水平面、整合低影响开发设施以及加强径流管理的策略。

1. 草坪

使用本土植物，不仅可减轻地表径流污染，还可以节省景观灌溉用水；除了可以渗透雨水径流外，还可以变成种植果蔬的多产景观。

低影响开发不仅可以从地块扩展到街区，也可以扩展到相邻的区域。它们的植物网络处理功能相似，但在街区与邻域尺度上植物网络的组合配置需要业主间合作，共同解决。

径流

如何引入丰产景观？

如何增加场地渗透？

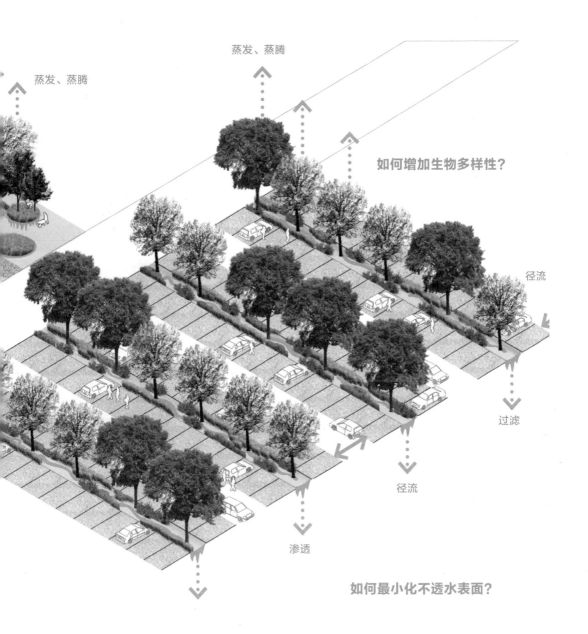

蒸发、蒸腾

蒸发、蒸腾

如何增加生物多样性？

径流

过滤

径流

渗透

如何最小化不透水表面？

这些遍布于个人地产上的附属低影响开发设施对保障城市基础设施整体正常运转十分重要。正如加州戴维斯的乡村家园社区所展现的那样，共享的低影响开发景观能增加地产的附加值。乡村家园社区低影响开发项目主要以建设闭环的水处理与水文循环系统为着力点，增加对自然资源类公用基础设施的开发建设。

2. 停车场

美国大多市政开发规范规定，每 100 平方米零售空间配 150 平方米停车场。因而，商业区的附属停车场一般都面积过大。停车场可以设计带路沿的雨水处理花园，既满足停车需求，又能提升生态服务功能。

提高树木覆盖度应该成为新建或改建停车场的首要原则。树木可提供宜人的尺度、减少雨水径流量，如果位置得当，还可起到指引道路的作用。在选择树种时应确保成熟时的树冠至少覆盖 50% 的铺装地面，用以减轻城市热岛效应。树岛的最小面积应该与一个停车位的大小相当，通常为 3 米 ×6 米，以保证有足够的雨水渗透到根系。

常规的草坪

常规的停车场

低影响开发的草坪

低影响开发的停车场

二、从工业化草坪到低影响开发草坪

"草坪在美国是一种主要的作物。"

一个从物质输入到废物产出的线性序列

过度施肥

每亩草坪消耗的除草剂比大多数农场种植作物消耗的还要多。

草坪灌溉

普通草坪每个夏季都要消耗掉40立方米水，这造成了全国性的水资源短缺。

修剪凋落物

研究发现，保留修剪凋落物可减少化肥使用量50%，而且对草坪质量几乎无影响。

草坪管护

草坪管护是一项每年400亿元的产业，超过了越南2003年的GDP。

一个再生的闭合循环系统

多产的草坪

中等大小的草坪1300平方米生产出的蔬菜能满足一个六口之家所需。

营养物质循环

土壤氮化细菌能在低影响混生草坪中大量繁殖，而在单一种植的产业化草坪中就不能生存。

堆肥

填埋场里12.5%是餐厨垃圾，12.8%是庭院修剪所产生的废弃物，这些都可以用来堆肥。

1. 地块绿化与草坪

植草砖

渗水地面

（1）减少不透水表面。

因为在不透水表面，雨水无法向下传输，与接触面上的污染物混合就形成了污染径流。增加透水表面，加强雨水渗透，可以防止污染问题转移。渗透性表面应该设置在雨水处理网络的起始位置，在雨水径流到达下一级处理设施前对其进行过滤或减缓处理。渗透性表面适用于停车场或不经常使用的行车道，但不适合在车流量较大的区域使用。

雨水花园

（2）用低影响开发设施来提升品质。

与草坪相比，雨水花园能大幅增加雨水渗透。作为径流的自然收集点，雨水花园占地面积小，能耐受极端湿润与极端干旱的自然环境。除了美学功能外，雨水花园还能利用植物对径流污染进行生物治理。就停车场而言，可拆除路缘石或降低标高，将树岛改造成处理径流的雨水花园。

节水草坪

节水景观

中央洼地

（3）移走高耗水植物，打造节水绿地。

工业化草坪在其生命周期内，需要大量的开支用于灌溉、草种、化肥、除草剂、修剪设备、燃料以及修剪废弃物管理，并且浅根系也发挥不了多少渗透之类的生态效益。相对而言，节水草地的经济效益和环境效益十分显著，不仅可增加生物多样性、蔬菜瓜果供给、雨水就地渗透，还可降低管理维护成本。本地草种的气候适应性强，多种本地草种混种可以形成一个稳定的植物群落。本地草种混种的草坪与单一种植的草坪具有同样的外观，只需要每 3~5 周清除一次杂草。

2. 地块设计

目前，美国居民用水的三分之一是景观用水。地产所有者可以在他们的地块上设置不同尺度水平的低影响开发设施。

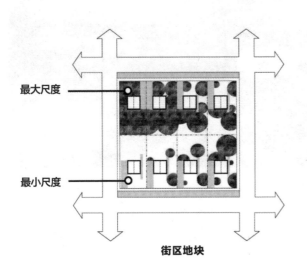

最大尺度

最小尺度

街区地块

过 滤

对地产所有者来说，在现有场地内进行低影响开发改造的最简单的方法就是在地势较低的区域建造雨水花园。全面改造需选用本地植物替换现有的单一种植的草坪，并用渗透性铺装代替行车道或人行道上的硬化路面。施工前应联系当地市政部门确定地下管线等公共设施的具体位置。

对新建工程而言，场地规划应该包括：确定不透水地面最小面积、保护生态敏感区、增加雨水渗透措施。具体措施可考虑减少不透水路面的长度、建筑占地最小化、保护现存植被、尊重原地形地貌等。

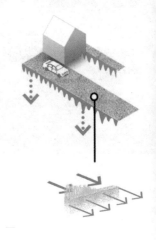

减缓径流
车行道与人行道使用渗透性铺装。

渗 透　　　　　　　　　　　　　　**处 理**

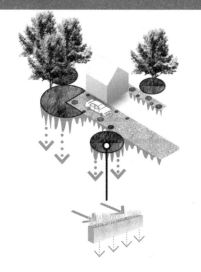

分散雨水

利用雨水花园来处理的"第
一波"雨水径流,并增加渗透(10
年一遇)。

雨水渗透

用节水景观设施代替工业化草坪,来渗透与处理雨水
径流(25年一遇)。关于混合草种的最佳比例与植物的选
择需要向本地园艺师、景观设计师等专业人员咨询。

3. 街区设计

将地产与公共设施连接起来，使共享的保护区域融入低影响开发网络。

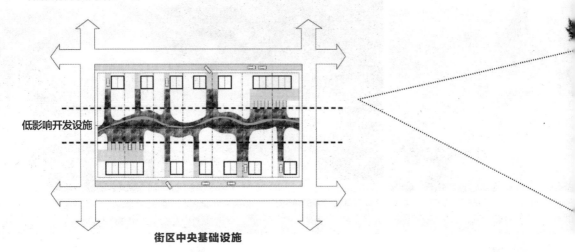

街区中央基础设施

街区尺度上进行低影响开发设计时可以采用一些共享策略。在街区中央将私人地块与公共空间相连，使生物栖息地、人行小道与低影响开发基础设施在空间上集中到一起，共同发挥作用，可以提供多种生态服务功能。来自建筑屋顶、道路和草坪的雨水，经过各个雨水花园支流汇集后分散到共享的低影响开发基础设施内。最佳的雨水处理网络应该保持一定的冗余度，街区的雨水溢流可通过中间的植草沟排出。中间区域的低影响开发设施需与其他的基础设施相协调，这可能对树种的选择与种植有特殊要求。

减缓径流
利用道路上的渗透性铺装来过滤雨水径流。

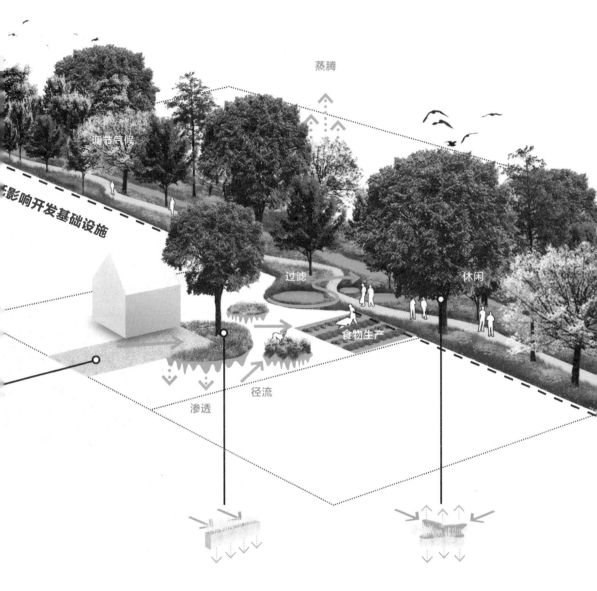

蒸腾

调节气候

影响开发基础设施

过滤

休闲

食物生产

渗透

径流

分散雨水

建筑物应远离关键区域,利用雨水花园减缓与渗透雨水径流(10年一遇)。

雨水渗透

在滨水廊道上种植植被并加强养护,这对水系上游的开发尤其重要。

绿色小路代替传统的步道，整合入口、停车以及雨水管理功能。

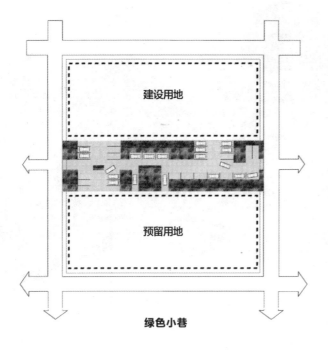

建设用地

预留用地

绿色小巷

栖息地

侵蚀控制

减缓径流
平埋路缘石，雨水均匀地漫流到处理设施之中。

由于入口与公共设施的存在，可以很容易地把城市街巷改造成功能性低影响开发设施。背街小巷交通流量小，可以用渗透材料重新铺装，增加线性生态湿地，来过滤、渗透、处理雨水径流。任何渗透性表面必须保持干净无碎屑以防止阻塞。对过载的街道而言，绿巷改造是一个重要的可选方案，可以提升城市宜居性。新建城市巷道至少 5.5 米宽，步道至少 3 米宽。

蒸腾

过滤

处理

渗透

分散雨水

减少不透水表面，过滤街
道表面稀薄的雨水片流。

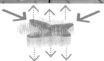

雨水渗透

利用雨水花园和生物洼地处理雨水径流
（10年一遇），这些设施必须互联互通以应对
特大暴雨（50年一遇）。

沿街道建设低影响开发基础设施，构建互联互通的雨水径流管理系统。

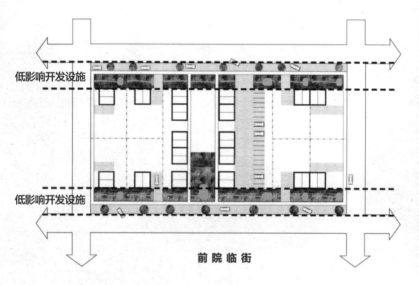

低影响开发设施

低影响开发设施

前 院 临 街

侵蚀控制

减缓径流
减少不透水表面，
从而减少街道径流。

生物洼地作为低影响开发设施处理网络的组成部分，位于庭院的前面。理想状态下，雨水径流首先流经小地块内的低影响开发设施，然后溢流部分再流入临街的低影响开发处理网络进行二次处理。雨水径流在进入传输管网前被减缓、分散和处理。如果设计的尺度适中，低影响开发网络也可接纳来自街道上的雨水径流。街道径流在进入互相连通的生物洼地前也需要过滤，这可以利用渗透性铺装与过滤带来实现。这些实用景观可以从根本上改善街区的美感与提升街区的生态功能。

蒸腾

生境

水流调节

处理

处理

分散雨水

雨水径流经过路缘石开
口均匀地分散到生物洼地中。

雨水渗透

利用互相连接的生物洼地处理雨水径流,
并将其传输到更大的低影响开发设施网络中。

在草地上应用
低影响开发是如此的简单高效⋯⋯

⋯⋯我们已经这样做了！

4. 地面材料

不透水表面产生的雨水径流比自然地面多 2 ~ 6 倍。

多孔沥青

　　大多用于停车场，雨水从表面渗入砾石蓄水床，然后渗透到土壤中。

　　减缓热岛效应：低；

　　初始成本：高于常规 10%；

　　设施维护：真空吸尘器清扫；

　　使用寿命：10~30 年。

透水混凝土

　　不需要滞留塘及其他管理措施，可以有效降低项目的整体成本。

　　减缓热岛效应：低；

　　初始成本：高于常规 10%；

　　设施维护：真空吸尘器清扫；

　　使用寿命：10~30 年。

镶嵌式铺装

　　雨水可从混凝土预制件、石材、砖块等材料表面或铺装空隙向下渗透。

　　减缓热岛效应：低到中等；

　　初始成本：高；

　　设施维护：真空吸尘器清扫；

　　使用寿命：10~50 年。

15% 的空隙度 ——————————

　　计划使用渗透性铺装时需要注意，有些铺装的空隙需要经常性地清理。

可替换铺装

　　再生橡胶是一种可循环利用的铺装材料，可以模块化铺贴或者现场浇筑。

减缓热岛效应：中等；

初始成本：中等；

设施维护：真空吸尘器清扫；

使用寿命：10~50年。

砾石铺装

　　由嵌入式的网格状边框模块、土工布衬底与砂质砾石骨料组成。

减缓热岛效应：中等到高；

初始成本：中等到高；

设施维护：添加砾石；

使用寿命：10-20年。

植草格铺装

　　在保护植被根系不被压实的同时能提供相当的承载强度。系统空隙可以保证植物根系发育，提高储水能力。

减缓热岛效应：高；

初始成本：高；

设施维护：浇水；

使用寿命：20-40年。

90% 的空隙度

　　砾石和植草格铺装系统具有较高的空隙度，因而具有更强的渗透能力，但偶尔需要除草、清理沉淀。

5. 停车场设计

中 心　　　　　　　带 状　　　　　　　边 缘

低水平的生态服务

斑　块 停车公园

高水平的生态服务

使用斑块化的渗透性铺装和生态景观，减少不透水表面。

从根本上讲，理想的改造模式是运用像素构图原理，用能吸水的景观岛和渗透性铺装代替局部不透水地面。大多商业为停车场外围 40% 的空间，仅在一年两次的高峰期才派上用场，因而可以在不牺牲停车场最大容量的情况下将其改造成一个环境优良的公园。新增的树木与渗透性铺装可以减缓雨水径流，降低径流量，常规的"管道—蓄水池"方案不再是必选方案。

透水铺装的停车位可减缓分散来自不透水路面上的雨水径流。路缘石开口或者平埋路缘石可把径流导流到与生态洼地、地下主管网相连的植被斑块。高峰时的径流溢流大部分滞留在生态洼地，可以向下渗透补充地下水。如果没有渗透洼地或其他滞留设施，可以通过地下储水设施将雨水缓慢地排放到市政雨水管网中。

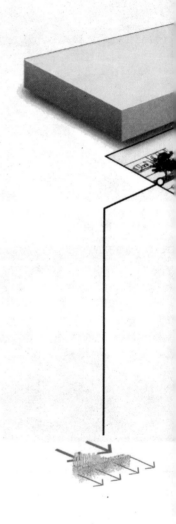

减缓径流

拆除路缘石、降低树岛标高，接纳并过滤雨水（10年一遇）径流。

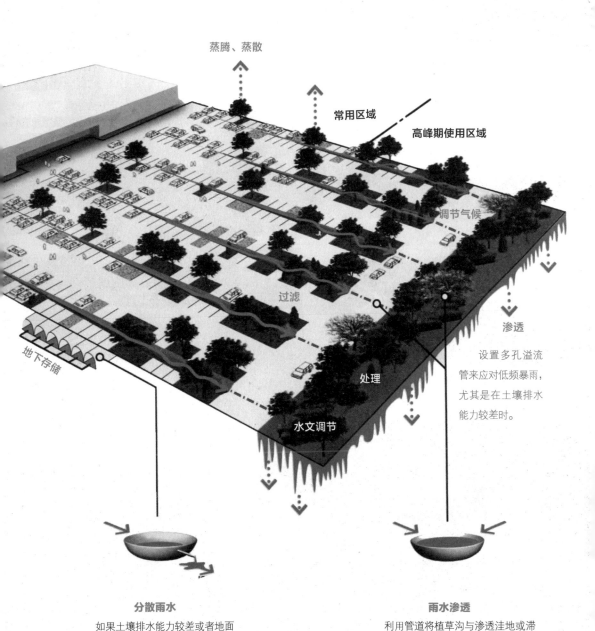

蒸腾、蒸散

常用区域

高峰期使用区域

调节气候

过滤

渗透

地下存储

处理

设置多孔溢流
管来应对低频暴雨，
尤其是在土壤排水
能力较差时。

水文调节

分散雨水

如果土壤排水能力较差或者地面
渗透面积有限，可采用地下存储的方
法（10 ~ 25年一遇）。

雨水渗透

利用管道将植草沟与渗透洼地或滞
留塘相连，共同渗透处理25 ~ 50年一
遇的暴雨径流。

大气调节

土壤熟化

渗透

侵蚀控制

气候调节

阿肯色州小石城国际小母牛组织

过滤

滞留沉淀物

衰减径流

花园式停车场的格局应适应场地的水文循环，停车与生态功能并重。

　　我们没有理由让停车场如此丑陋、昂贵以及低生态性。停车场是一种简单的土地利用形式，与其他土地利用形式具有同等的效用。与其把停车场设计成单纯的存储空间，倒不如设计成同时具有景观美学特征和雨水管理功能特性的停车场公园。在案例中，停车公园设置了一系列圆形相切、具有雨水处理功能的低影响开发景观模块，外围较大的绿色空间足以应对低频大暴雨。像斑块化停车场布局一样，径流主要来自硬化路面，停车公园的每一个低影响开发景观单元都是向中心放坡，径流经渗透铺装停车位向雨水公园传输。地下多孔管将雨水花园与渗透洼地相连，可应对强降雨时的溢流。这是最有效的布局，因为汽车就停在处理设施内，同时缩短了径流传输距离。

调节气储

地下存储

减缓径流

　　在景观模块的中心建立雨水花园来处理"第一波"径流，过滤1～10年一遇的雨水径流。

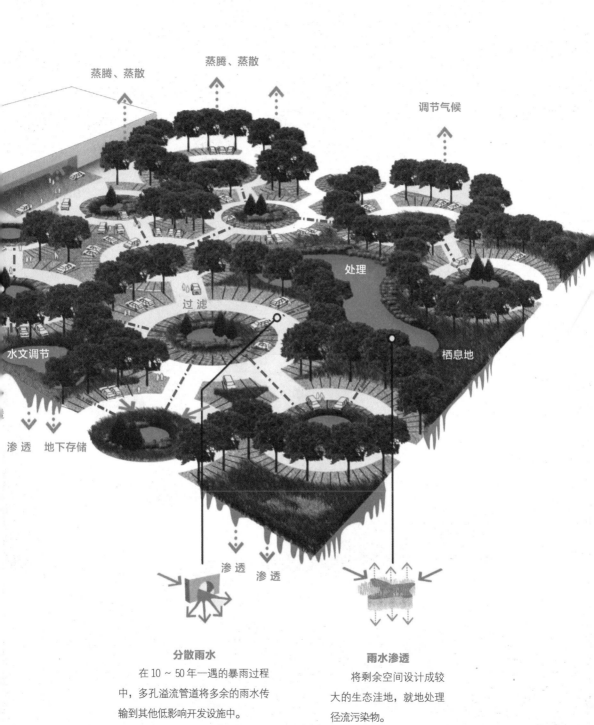

蒸腾、蒸散　　蒸腾、蒸散　　　　　调节气候

处理

过滤

水文调节　　　　　　　　　　　　栖息地

渗透　地下存储

渗透　渗透

分散雨水
　　在 10 ～ 50 年一遇的暴雨过程
中，多孔溢流管道将多余的雨水传
输到其他低影响开发设施中。

雨水渗透
　　将剩余空间设计成较
大的生态洼地，就地处理
径流污染物。

碳蓄积

蒸腾

大气调节

过滤

衰减径流

减缓热岛效应

气候调节

滞留沉淀物

渗透

侵蚀控制

密苏里州圣路易斯密苏里植物园

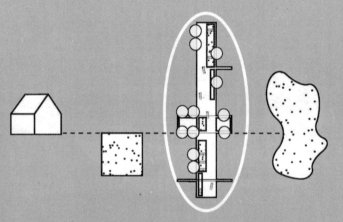

第三节 街 道

常规的：汇集、传输、排放。

低影响的： 减缓、分散、渗透。

LID

一、概论

街道占城市景观的四分之一，是实施低影响开发的关键。20世纪20年代以来，土木工程师所主导的街道规划主要侧重两个方面：单位时间最大车流量与单位时间最大排水量。城市的街道和公共空间曾为市民提供集会、商业、娱乐休闲等场所，低影响开发期望这些城市服务功能可以回归。低影响开发街道将全方位地引入具有生态服务功能的基础设施。街道公共空间不仅包括人行道、自行车道，还包括其他景观绿化、排水管以及其他公共设施。

通过设计加强自然资源的有效利用，街道可以提供更多的生态服务。低影响开发街道具有环境敏感性，既要容纳多种交通类型，又要确保通行安全、增强社交功能、提供生态的雨水管理措施。这就要求不透水铺装最小化和景观空间最大化。低影响开发街道的几何设计有些像荷兰人设计的"共享街道"。

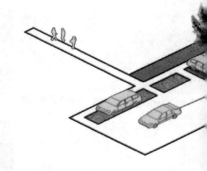

"共享街道"从根本上讲，是具有花园功能的线性公共空间组合，而不是简单的交通廊道。在设计共享街道时，为方便管理和提升可达性，整合公共基础设施就显得十分重要。公共设施不应设置在低影响开发雨水处理设施中，防止在设施管护时破坏植被。

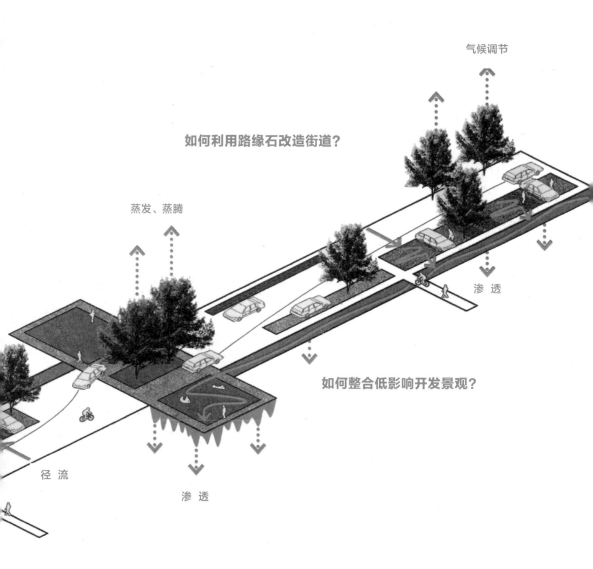

气候调节

如何利用路缘石改造街道？

蒸发、蒸腾

渗透

如何整合低影响开发景观？

径流

渗透

1. 低影响开发街道的构成

（1）路缘石解决方案。

常规的城市街道利用路缘石将雨水径流直接导入集雨口，未经处理的雨污径流经地下管网被转移到别处。低影响开发路缘石设计方案中，径流被均匀地分散到相邻的雨水处理设施中，通过路缘石开口或降低标高，雨水被尽可能地滞留下来。具体选择取决于土地利用与最大径流量。在交通流量大的区域，路缘石还可以用作人行道和车行道之间的安全分隔。

（2）软质基础设施。

铺装渗透性路面，在雨污径流到达低影响开发处理网络之前可以减慢径流速率、减少径流量以及过滤掉径流中的泥沙等沉淀物。改造与路缘扩展区相邻的街边空间，将其建设成雨水公园，也可以减慢径流速率，增加雨水渗透。

（3）是植物，而非管道。

低影响开发设施利用兼生植物或湿地植物群落就地处理雨污径流，而不是简单地将污染物转移到别处。这样不仅保护了水质，而且还能减轻城市热岛效应，节约雨污处理成本。

2. 路缘石解决方案

带孔路缘石

　　新开发地块可用穿孔路缘石预制件导流。

　　沉淀捕获能力：低；

　　交通服务水平：中等／高；

　　设施管护支出：高。

镶嵌式路缘石

　　常用于改造现有路缘石，可保持其结构完整性。在入水口互相接近时不需要防径流侵蚀的消力措施。

　　沉淀捕获能力：低；

　　交通服务水平：中等／高；

　　设施管护支出：高。

开口路缘石

　　新建或改造项目均可采用开口路缘石，可以控制较大的水流，开口长度视情况而定。

　　沉淀捕获能力：低；

　　交通服务水平：中等；

　　设施管护支出：中等。

点源径流 ——————————————————————————

  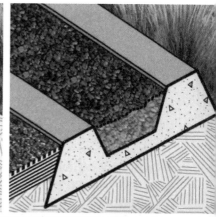

溢流路缘石

溢流路缘石可最大限度地将雨水均匀分散到低影响开发设施中。它略高于路面，可以将泥沙、碎屑阻滞在路边，方便机械清扫。

沉淀捕获能力：低；

交通服务水平：中等/低；

设施管护支出：中等/低。

沉淀暗沟铺装带

渗透性铺装可以过滤街道径流，并且对机动车辆起警示作用。

沉淀捕获能力：低；

交通服务水平：中等/高；

设施管护支出：低。

双溢流路缘石

路缘石中间的暗沟能捕获街道径流中的沉积物，将其滞留在低影响开发设施之外。

沉淀捕获能力：高；

交通服务水平：低；

设施管护支出：高。

———————————————————————————————➤ **分散的片层径流**

3. 植树设计

由于不当的规划与土壤碾压，城市树木的平均寿命不超过10年。街道设计应满足树木根系的生长需要，这是实现林荫街道的关键。

健康的树木是绿色基础设施和城市森林必不可少的组成部分。沿硬化道路种植绿荫树可缓解热岛效应，改善空气质量。除碳汇功能外，树木亦能通过截留、蒸散、吸收等过程来减少雨水径流。树木亦能增强场所意识，降低噪声，减弱强光照射，为人行道提供安全屏障。因而，树木绿化可以提升相邻区域房地产的经济价值。

由于生物特性和所处环境的差异，树木的生长需求和生长速度也各不相同。树木的选择需要综合考虑耐寒性、耐旱性、成熟后冠幅形状与大小、根系特性以及对病虫害的抵抗能力。确定城市适宜树种需要咨询本地苗圃种植或景观设计方面的专业人士。

种植区域起码要能容纳成熟后的根系结构，确保对水分和营养的吸收。需要注意的是，根系延展会大大超过树冠的范围。确定树间距时要考虑树木成熟后的冠幅尺寸。适当地规划与养护能使行道树的寿命大大超过10年的平均生命周期。

径　流

公共基础设施：应设置在远离植物的地方，路面开挖会对根系造成不可修复的破坏。应采用涵道或免于挖技术实现非破坏性安装与检修。

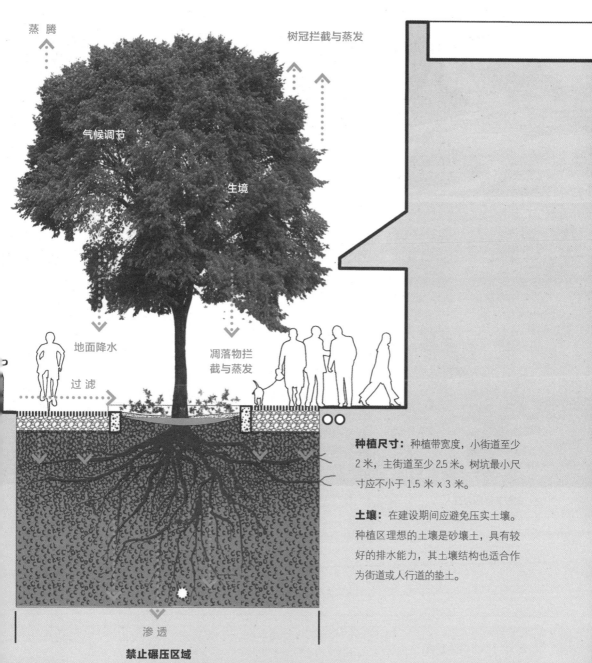

蒸腾

树冠拦截与蒸发

气候调节

生境

地面降水

凋落物拦
截与蒸发

过滤

种植尺寸: 种植带宽度,小街道至少 2 米,主街道至少 2.5 米。树坑最小尺寸应不小于 1.5 米 x 3 米。

土壤: 在建设期间应避免压实土壤。种植区理想的土壤是砂壤土,具有较好的排水能力,其土壤结构也适合作为街道或人行道的垫土。

渗透

禁止碾压区域

4. 树种选择

黄连木

加拿大紫荆

银杏

树　名	拉丁名	树　高（米）	冠　幅（米）	生长快慢
美国铁树	Ostrya virginiana	7～11	6	慢
茶条槭	Acer ginnala	5～6	5	中等
黄连木	Pistacia chinensis	6～9	6	中等——快
水杉	Metasequoia glyptostroboides	20	8	中等——快
加拿大紫荆	Cercis Canadensis	6～9	6	中等
美国流苏木	Chionanthus virginicus	5～8	5	慢
银杏	Ginkgo biloba	18～23	9	慢
欧洲椴	Tilia cordata	18～21	8	中等
绿瓶光叶榉	Zelkova serrata	21	12	中等——快
加拿大皂荚	Gymnocladus dioicus	12～18	12	中等
榔榆	Ulmus parvifolia	12～15	12	中等
北美枫香	Liquidambar styraciflua	18～23	12	中等——快
北美红栎	Quercus rubra	18～23	15	快
鳞皮山核桃	Carya ovata	21～24	9	中等
柳叶栎	Querus phellos	12～18	12	中等

注：单位转换四舍五入。

绿瓶光叶榉

榔榆

北美红栎

备 注

我国可在北至辽宁及内蒙古南部，南至云南、广西、广东北部的区域内生长

产于我国东北（黑龙江、吉林、辽宁）、黄河流域及长江下游一带，朝鲜、日本也有分布

原产中国，分布很广

耐寒性强，耐水湿能力强，在轻盐碱地可以生长为喜光性树种，根系发达

可种植于庭院、路边等地，与海棠、红瑞木等搭配使用，也可与常绿树配置使用，色彩对比明显

同属有流苏树，产于中国，树皮光滑

在中国的银杏主要分布在温带和亚热带气候气候区内

花黄白色，有芳香，5~7朵呈下垂或近直立聚伞花序

分布于秦岭、淮河流域、长江流域至广东、贵州和云南

雌雄异株，雌株花序圆锥形顶生，雄株花簇生状，花绿白色，花期6个月

种子（果核）位于翅果中部或稍上处，柄细，长3~4毫米

喜光照，在潮湿、排水良好的微酸性土壤中生长较好

原产美国北部及加拿大，2000年我国从美国引入

原产美国。我国可在北至辽宁南部，南至云南、广西、广东北部区域内生长

生长较快，材质优良，稍耐水湿，树体匀称，叶形窄长似柳，秋季变红，观赏价值高

5. 街道类型

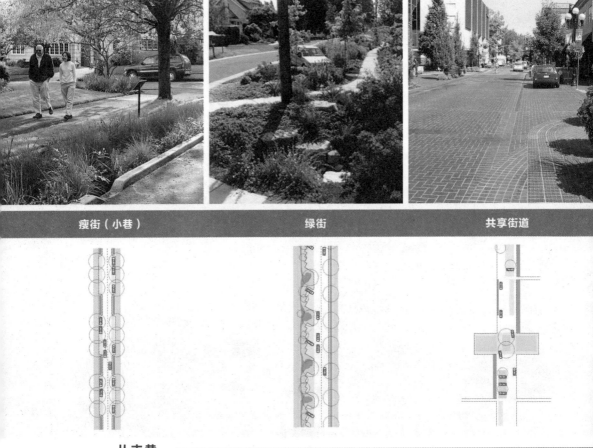

瘦街（小巷）　　　　　　　　绿街　　　　　　　　共享街道

从支巷

生态林荫道　　　　　　　　　　　　　　　　　公园道路

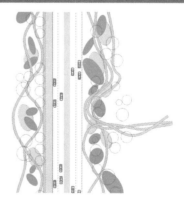

到干道

（1）瘦街（小巷）。

修建窄街道，降低径流负荷；使用透水铺装，促进雨水渗透。

20 世纪 60 年代，住宅区街道设计标准要求街道宽度 11 米。宽阔的不透水路面产生的径流负荷峰值较大。90 年代开始，许多城市开始审视他们的街道设计标准，相继实施"瘦街计划"，一些车流量小的地方街道只有 6 米宽，但急救车辆仍能通过。

窄街道产生了一系列的好处。尽管一开始被很多人认为不安全，但实际上窄街道因为降低了车速，也就降低了事故率。例如，7.3 米宽的街道事故率为 0.2 次 / 公里·年，而 11 米宽的街道事故率为 0.76 次 / 公里·年。经济方面，窄街道降低了路面维护与维修费用；而环境方面，窄街道则能降低城市热岛效应。软质的街道可以过滤和衰减雨水径流。但这样的街道只能应对一年一遇或者两年一遇的降雨径流，如果要应对更大的降雨，则需要将其连接到整个雨水处理网络。

蒸腾、蒸散

减缓径流
雨水径流经过路缘石开口流入路缘扩展区或其他低影响开发处理设施。

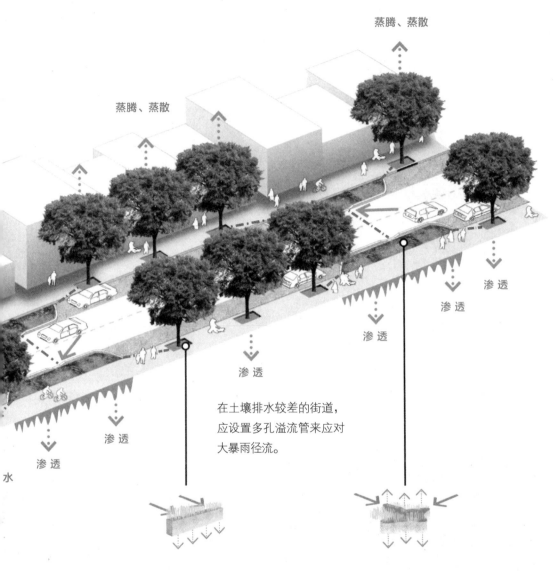

蒸腾、蒸散

蒸腾、蒸散

渗透

渗透

渗透

渗透

渗透

渗透

水

在土壤排水较差的街道，应设置多孔溢流管来应对大暴雨径流。

分散雨水

利用树池在道路两旁过滤和衰减雨水径流（1～2年一遇）。树池彼此连接，或用多孔溢流管与雨水花园相连，可以应对低频强降雨。

雨水渗透

根据路缘扩展区解决方案改造现有停车道，可以减少不透水路面，增加雨水渗透（10～25年一遇）。

（2）绿街。

气候调节

减缓热岛效应

路缘扩展区

渗透

非侵入性兼生景观

侵蚀控制与沉积物滞留

俄勒冈州波特兰市锡斯基尤街

（3）共享街道。

将背街小巷设计成平衡社交需求、道路通行和雨水管理的低影响开发景观。

共享街道或"宜居的街道"，没有像传统街道那样将机动车道、人行道和路边扩展区相互隔离，而是允许机动车、自行车与行人安全共享的公共空间。共享街道被设计成具有降低交通噪音、雨水管理以及社交等多种功能的景观。模仿荷兰"全生活体验街"或带绿地的安全道路，共享街道具有显著的安全性。它不再设置减速带、限速墩以及限速标志等交通设施，而是采用多样化的几何形状来压缩快速道路的视觉宽度，这种空间结构的不确定性和内心的担忧实际上起到了"精神减速带"的作用，可降低驾驶人的车速。

当共享街道能实现多种社会服务功能时（例如休闲娱乐、阻止犯罪、交通降噪、社会交往等），街道就变成理想的低影响开发基础设施。在共享街道以人为本的独特布局中，完整的雨水管理功能贯穿于整个街道景观。拆除路缘石，用渗透材料铺装停车位或行车道，将公共空间建设成人工湿地，这些措施都可用来过滤雨水、衰减径流、增加渗透。用大孔径或多孔溢流管将分散的基础设施相互连接形成一定的系统冗余，以便应对不同强度的降水所产生的暴雨径流。雨水也可以收集储存在地下水以备日常灌溉使用。

共享街道通常用于交通流量低的住宅区。尽管这类街道能提供极佳的居住环境，但在美国并不常见。与它类型相近是市镇广场、购物中心和步行长廊，通过巧妙的设计可以容纳所有的交通方式。独特的几何空间结构和公共区域的植被种植，使城市规范在执行时可能需要考虑地区间差异性。

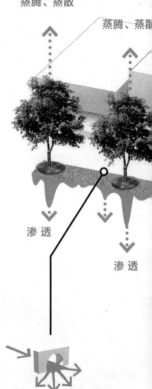

蒸腾、蒸散

蒸腾、蒸散

渗透

渗透

减缓径流

拆除路缘石，坡面漫流代替了渠化径流，降低了径流速率。

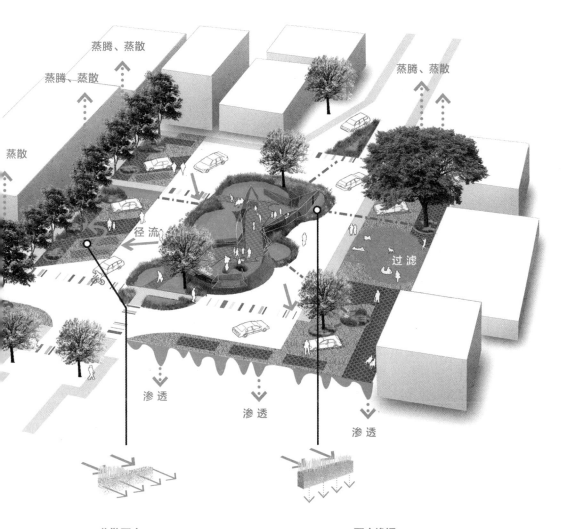

蒸腾、蒸散

蒸腾、蒸散

蒸腾、蒸散

蒸散

径流

过滤

渗透

渗透

渗透

分散雨水

　　在街道两旁用渗透性铺装、过滤带或雨水花园创建停车休闲区，过滤和渗透（1～10年一遇）的雨水径流。

雨水渗透

　　利用人工湿地渗透和处理的雨水径流（10～25年一遇），为雨水管理系统与行人社交空间的结合创造机会。

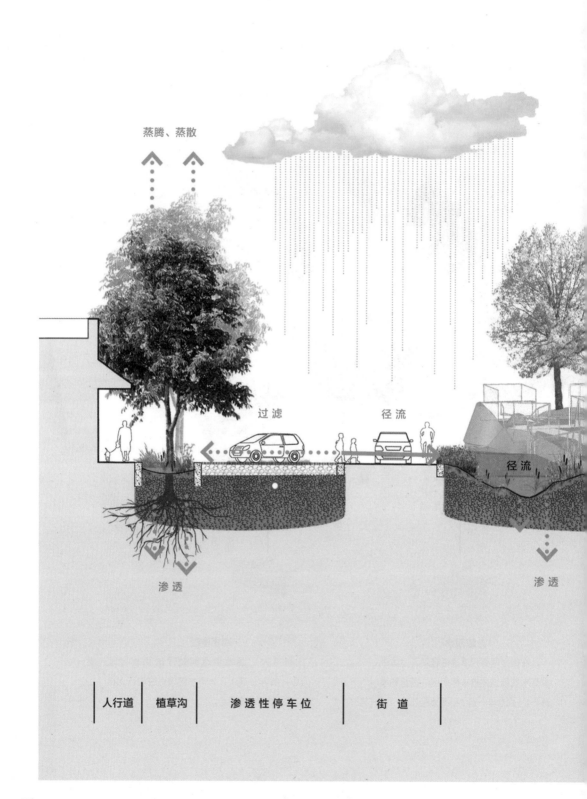

蒸腾、蒸散

过滤　　　　　径流

径流

渗透　　　　　　　　　　　　渗透

| 人行道 | 植草沟 | 渗透性停车位 | 街　道 |

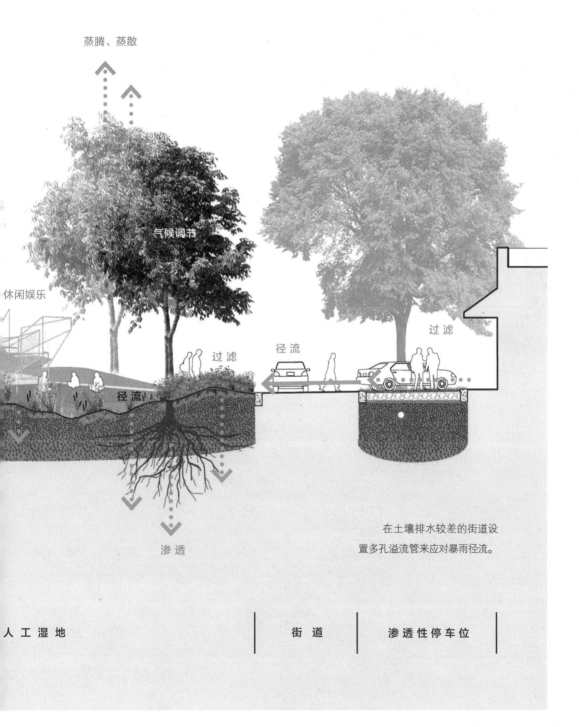

蒸腾、蒸散

气候调节

休闲娱乐

过滤

径流

径流

过滤

渗透

在土壤排水较差的街道设
置多孔溢流管来应对暴雨径流。

人 工 湿 地   街 道   渗透性停车位

气候调节

减缓热岛效应

渗透

漫流路缘石

人车双向共享式道路
（单一类型路面）

平行停车位

雨水花园

漫流路缘石

渗透

俄勒冈州成尤金市威拉米特街

127

（4）生态林荫道。

构建兼具雨水处理功能的中央绿化带。

"Boulevard（林荫大道）"一词源于法语，指利用绿化带将快速路与慢节奏巷道隔开的宽阔而优美的道路。绿化带使人放慢脚步，不仅缓冲了迎面而来的车流，还为道路提供了树荫。这种街道也为步行的人们提供了一个安全舒适、环境优美的社交场合。生态林荫道利用中央绿化带来管控雨水径流，并与整个区域的公共空间互联互通形成绿色网路，大大提升了街道的品质。

生态林荫道将公共优先区域的长条状地块改造成绿色基础设施，路面径流由路缘石导流进入植被绿化带。降低绿化带标高，将其改造为生态植草沟，可以同时起到渗透与传输的作用，沟内的坡、坝或者树丘还能降低径流速率。为应对强降雨径流，可以将生态林荫道与地下排水管网、绿道、开放空间等雨水处理网络相连。

减缓径流
拦沙坝和树丘可减缓和滞留
雨水，增强渗透（1～10年一遇）。

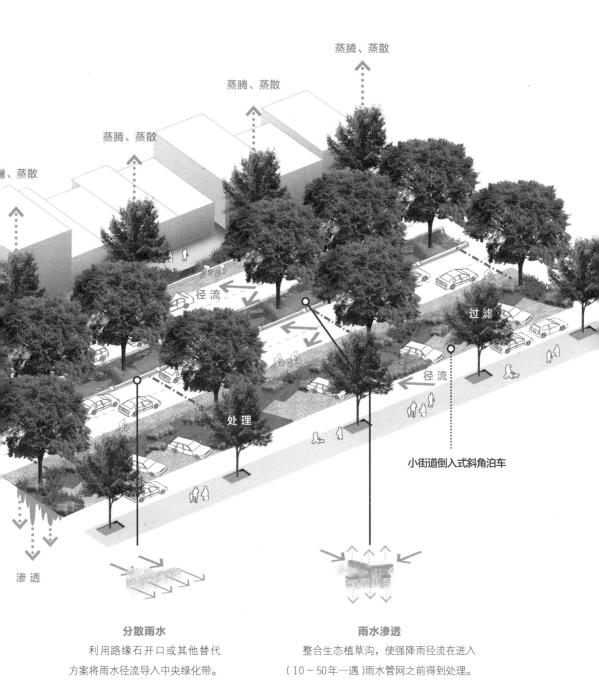

蒸腾、蒸散

蒸腾、蒸散

蒸腾、蒸散

蒸腾、蒸散

径流

过滤

径流

处理

渗透

小街道倒入式斜角泊车

分散雨水
利用路缘石开口或其他替代
方案将雨水径流导入中央绿化带。

雨水渗透
整合生态植草沟，使强降雨径流在进入
（10～50年一遇）雨水管网之前得到处理。

典型的林荫大道除了机动车道外还包括自行车道和较宽的人行道。当同时用作通勤通道时，自行车道应临街设置；当用来满足休闲、社交需要时，则需种植绿化隔离带。尽管生态林荫道的机动车道宽度（3.35米）设计得比传统林荫道窄，但不透水面积仍然较大，因而仍需要具有较大雨水容纳能力的基础设施来应对强降雨径流。

　　在行人较多的高强度开发区域，生态林荫道应利用窄街道和路边停车来降低道路的设计时速，加强人行道照明，保持通畅。在有些规划条例中，"公共通行区禁止建设雨水径流处理设施"的规定阻碍了生态林荫道建设，实施低影响开发需要重新修订法规条例。公共管线等基础设施应建在雨水处理设施的外围，避免在管理和维修时破坏植被，保持足够的系统冗余，避免设施开挖影响雨水管控成效。根据城市法规，地下管理等公用设施应建在人行道或者街道下面。

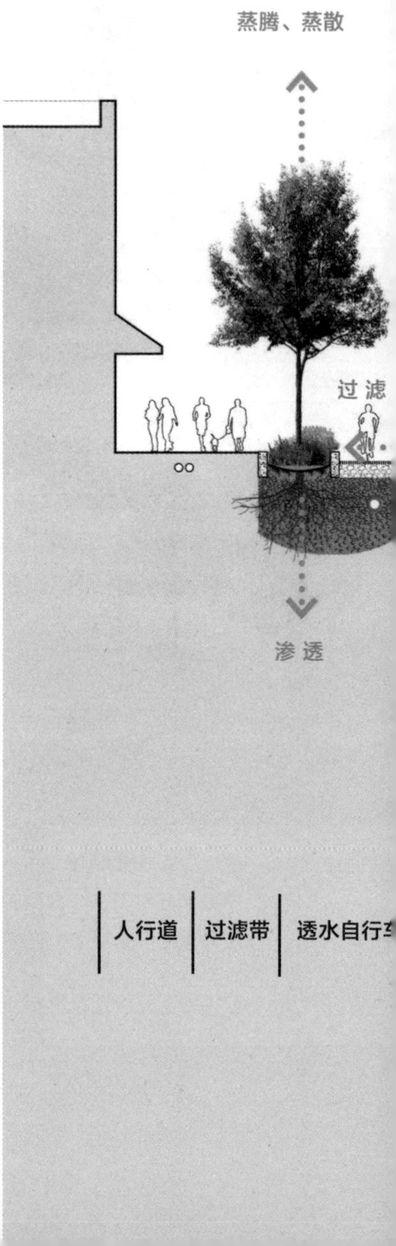

蒸腾、蒸散

过滤

渗透

人行道 | 过滤带 | 透水自行车

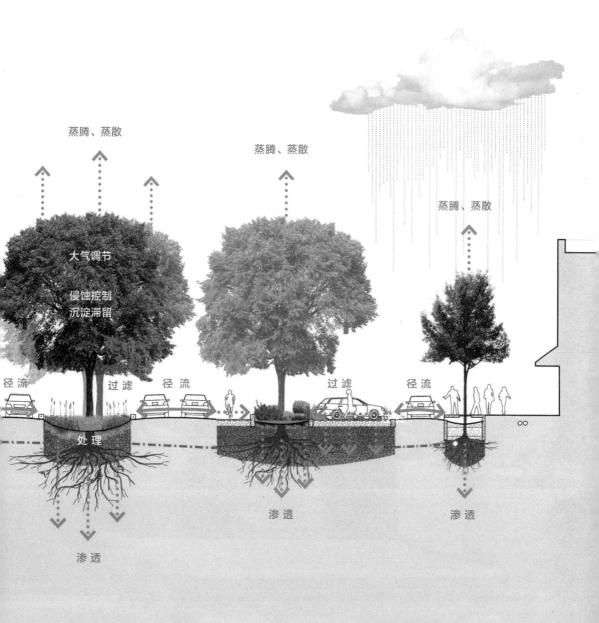

蒸腾、蒸散　　　　蒸腾、蒸散　　　　蒸腾、蒸散

大气调节

侵蚀控制
沉淀滞留

径流　　　　过滤　　　径流　　　　　　　过滤　　　　　径流

处理

渗透　　　　　　　　渗透　　　　　　　渗透

渗透

| 间干道 | 中央绿化带 | 中间干道 | 渗水自行车道 | 植草沟 | 可渗透停车位 | 小街道 | 树池过滤带 | 人行道 |

大气调节

减缓热岛效应

中间主干道

雨水花园

人行林荫道

共享小街道

透水铺装

加利福尼亚旧金山奥克塔维尔林荫道

（4）公园道路。

改造右侧通行区，使之类似于绿道景观。

将多种市政功能整合到公园道路景观中，结合环境、社交与建筑功能形成独特的交通体系。融合了绿色廊道、人行小道功能的公园道路适宜于不同的交通方式和不同的通行速度，既兼顾了多方利益，又提高了通行质量。

除了步道外，公园道路还包括低影响开发处理设施，具备常规道路所不具备的生态服务功能，如生境（栖息地、避难所）保护、界面缓冲、滞留和渗透雨水等。由于右侧通行区面积较大，公园道路既能处理 1~2 年一遇的雨水径流，也能应对 25~ 50 年一遇的强降雨径流。在邻里尺度方面，公园道路是一种独特的城市景观，需要政府的综合管理。

蒸腾、蒸散

渗透

减缓径流
利用水平分散装置将雨水径流转为片层水流分散到过滤带中。

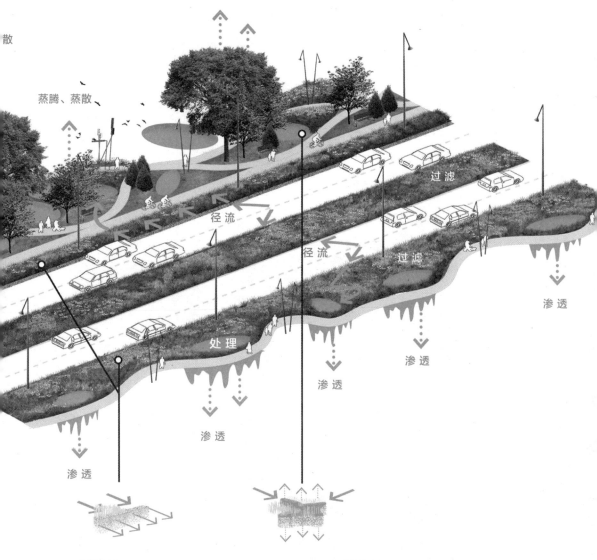

蒸腾、蒸散

散

蒸腾、蒸散

径流

过滤

径流

过滤

处理

渗透

渗透

渗透

渗透

渗透

渗透

分散雨水

过滤带不仅能过滤径流污染物，
还可将机动车与行人安全隔开。

雨水渗透

路边的渗透设施不仅可以应对暴雨径流（25 ~ 50 年一遇），
还可提高环境质量，鼓励人们参加户外运动与低碳出行。

减缓热岛效应

休闲

过滤带

径流消减

气候调节

避难所栖息地

蒸腾、蒸散

平行停车位

渗透

东部林荫大道

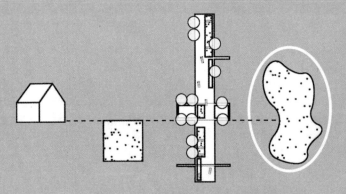

第四节 开放空间

常规的：汇集、传输、排放。

低影响的：减缓、分散、渗透。

LID

一、概念

城市开放空间或绿色空间是由公共绿地与公共水体组成的，它们保护并塑造着城市的环境。除了审美和休闲的功能外，科学的规划设计还能提供更多、更全面的生态服务功能。在城市和区域尺度上，增加植被覆盖可以提供它们在地块和街道等小尺度上所不具备的生态服务功能。通常我们将开放空间作为城市绿色网络的主要组成部分进行综合规划，利用精心设计的公园、绿道以及自组织保护区来维持水体生态功能与系统连通性。从公共卫生到经济规划、交通规划等多学科研究表明，城市里高水平规划设计的公共空间能产生远远超过预期的经济效益、环境效益与社会效益。

美国景观设计大师雷德里克·劳·奥姆斯特德设计的波士顿"绿宝石项链"（1878～1890年）是北美公认的第一个相互连通的城市公共空间。人们意识到，绿色网络除了满足城市文化、娱乐需求外，还需要满足缓解城市洪涝与城市水污染的需求。此后，具有同样思想的城市规划师与景观建筑师纷纷效仿。到1930年代，不断增加的高速公路投资转移了对城市公共空间开发的关注。1985年，美国户外空间总统委员会提议用国家绿道网络将城市连接起来，之后关于绿道互联互通的项目与政策才逐渐多起来。

**如何在开发中
加强自然保护？**

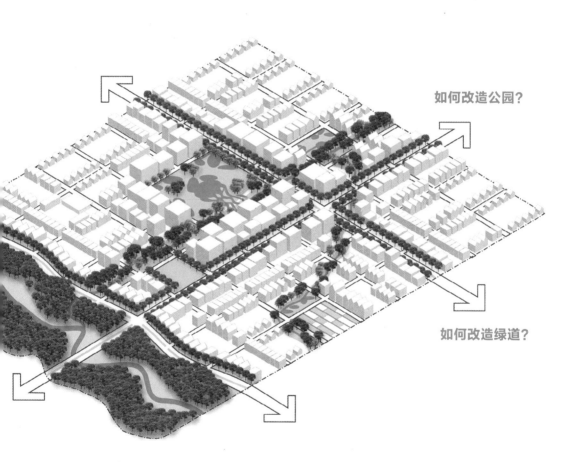

如何改造公园？

如何改造绿道？

二、城市开放空间

1. 常规城镇化与低影响开发城镇化的比较

在以市场为导向的框架内，开放空间是作为未来开发预留用地而存在的，规划设计又需要在市场框架下进行，因而，许多机构都不做区域的或者局部的开放空间规划。此类规划应统筹保护公共利益，包括滨水系统、河漫滩、生态敏感区、林地、遗址、公共通行权以及公园路径系统。低影响开发城市化利用多种激励措施与保护信托基金，增强城市和区域的连通性，平衡开放空间与城市化之间的用地冲突。

低影响开发为人们提供了回归自然的机会，城市开放空间帮助人们克服"大自然缺失症"。理查德·洛伊在 *Last Child in the Woods* 书中详细记载了年轻一代由于缺少与自然环境接触、缺少自然知识所导致的一系列的失序行为。

2. 城市与区域尺度上的生态学

城市环境与开放空间的融合对利用流域法进行城市低影响开发至关重要。在城市尺度上，开放空间除具有过滤与处理雨水的作用外，还具有调节蓄水层、补给地下水、维持河道基流的功能。开放空间的连通性对维持野生动物生境与迁移廊道具有重要作用，为城市生物多样性与生态系统恢复提供支撑。一些熟悉城市环境的顶级哺乳动物，每个成年个体需要13000公顷的领地空间。更为重要的是，健康的开放空间网络保存着丰富的本地物种基因资源，维持着生态系统的发展与成熟。

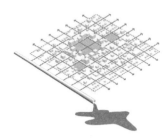

常规的城镇化
聚集、传输、排放

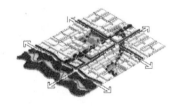

低影响开发的城镇化
减缓、分散、渗透

3. 保护性规划

城市无序扩张，四处蔓延，这是目前生态功能失调的最大成因。城市扩张造成了生境的破碎与消失，以及无法估量的生物多样性损失。或许城市和区域可以设定的最高目标就是，停止破坏现有栖息地、规划设计互相连通的绿道系统，恢复受损的生态系统结构。生态系统范围经常超出行政边界或产权边界，各个行政区土地利用决策累加在一起就可能会对整个流域造成不利影响。每一次小尺度的污染输入都会对城市径流产生复杂的影响，最终损害河流健康，表现为瞬时洪水泛滥、溪流形态改变、营养物质与污染物积聚、河岸侵蚀、污泥淤积以及物种多样性降低。地方性决策可能会对生物多样性保护产生显著的影响，因此，局部开发需要利用低影响开发流域法，综合考虑流域影响。

三、空间节点

保护性开发：利用保护性开发技术保护自然植被、敏感性生境与开放空间。

保护开放空间与紧凑型开发为利用流域法实施低影响开发提供了基础。紧凑型住宅开发可省 30% ~ 80% 的建设用地，建成连片的永久性开放空间。与之对比，常规开发模式将建设用地分块打包，出售给业主，它忽略了场地的生态结构。街区地块有时可能较大，自然景观常常被工业化草坪所代替，丧失了原有的生态功能。尽管开发密度低，但四处蔓延的开发破坏了视域范围内生态系统的完整性。

为了公共利益或准公共利益，保护性开发设计将划定优先保护区域，如湿地、水体、河漫滩、陡坡；同时，考虑保护诸如基本农田、林地、重要生境、丘陵缓冲区等次级保护区域；然后，在不牺牲私密性的前提下对房屋、大路、小路进行集中布局。在建设相同数量住宅的情况下，缩短了街道建设需要的长度，节省了大量的基础设施建设费用。大量地产研究表明，提高开发密度与共享开放空间能提升空间一致性与生态完整性，创造额外的市场价值。

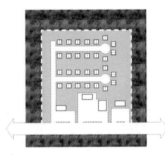

常规开发

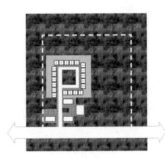

保护性开发

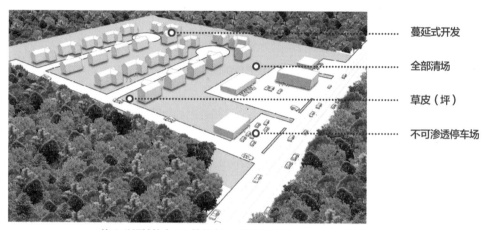

蔓延式开发

全部清场

草皮（坪）

不可渗透停车场

约 2 公顷地块上 25 栋住宅、4 栋商业建筑

共享开发空间

集群开发

被保护的树木

可渗透铺装

约 2 公顷地块上 25 栋住宅、4 栋商业建筑

1. 雨水处理公园

将雨洪管理作为另一种生态服务引入城市公园。

公园经常被当做娱乐的场所，但也可以与雨水管理功能结合起来，用来改善环境、增加社会效益和降低基础设施管护成本。在新开发过程中引入低影响开发设施是比较容易的，在建成区实施低影响开发改造也是可行的。将雨水处理公园纳入城市建成区基础设施改造已成为一种趋势。

像所有低影响开发景观一样，雨水公园应当被看做是相互依存、相互连通的共享空间，它们共享土壤、水、植被与地表系统。雨水公园可以采用低影响开发设计示范方案来揭示其减缓径流、分散径流以及渗透雨水的自然过程。雨水公园被设计用以过滤来自周围街道的雨水径流，通常情况下，这些径流都被直接转移到了其他地方或污水处理厂。雨水处理公园使雨水径流变成了一种资源而非环境负担，可引导社区公众对城市环境进行生态管理。

在公园规划设计时，社区公众的参与十分重要，这对公众参与公园的后续管理起到鼓励作用。如果获得周围社区的认同与资助，将有助于采用低影响开发方式设计来建设多功能的优质开放空间。

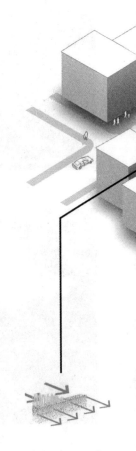

减缓径流
在边界处利用过滤带过滤和减弱来自不透水地面的雨水径流
（1～2年一遇）。

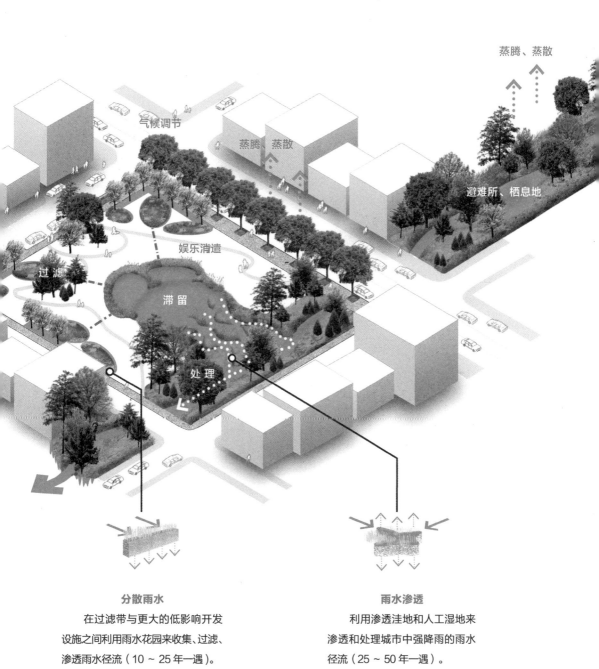

蒸腾、蒸散

气候调节

蒸腾、蒸散

避难所、栖息地

娱乐消遣

过滤

滞留

处理

分散雨水

在过滤带与更大的低影响开发
设施之间利用雨水花园来收集、过滤、
渗透雨水径流（10～25年一遇）。

雨水渗透

利用渗透洼地和人工湿地来
渗透和处理城市中强降雨的雨水
径流（25～50年一遇）。

2. 雨水收集公园

循环利用雨水，灌溉高耗水园林景观，例如社区公园、运动场。

收集雨水不是一个新概念，只是被遗忘了。在市政集中供水系统出现之前，从屋顶上收集的雨水被就地储存在蓄水池中，作为一种水源满足生活用水、景观用水以及农业用水需要。随着集中而可靠的水处理系统与水分配系统在城市中大量出现，雨水收集逐渐被取代了。然而，随着集中供水的成本不断增加，人们对雨水资源化利用的意愿也不断增强，并且曾经水资源充足的地方现在也出现了水荒，这迫使雨水收集成为实践中必然选择。

尽管从生态学的角度，种植低维护成本的本地植物用于处理城市雨水径流在理论上是完美的，但从实践的角度未必全部可行。公众活动场地与生产食物需要较大的种植面积。为了维持大面积的植物生长需要大量的灌溉用水；用饮用水作为灌溉水源十分昂贵，雨水收集则提供了一个可持续的替代方案。在环境中，不透水地表产生的径流可以在雨水处理网络中收集、过滤并储存起来用于灌溉。用于食物生产性的灌溉水需要进行系统而彻底的处理。在灌溉时，可以用风车或电泵抽送至整个灌溉系统。

减缓径流
用生态洼地捕获和过滤不透水地表产生的雨水径流（1 ~ 10 年一遇）。

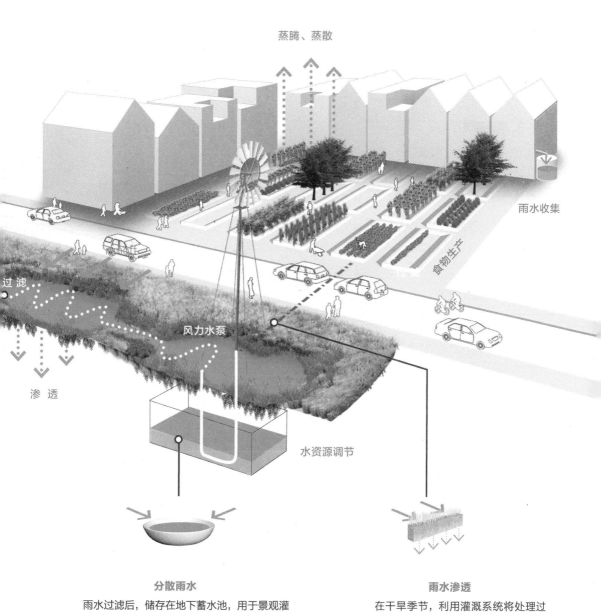

蒸腾、蒸散

雨水收集

食物生产

过滤

渗透

风力水泵

水资源调节

分散雨水

雨水过滤后，储存在地下蓄水池，用于景观灌
溉（0～25年一遇）。

雨水渗透

在干旱季节，利用灌溉系统将处理过
的雨水输送到社区公园或运动场地。

3. 绿色廊道

绿色廊道是开放空间网络中一种基本的连接组织，能在城市发展过程中保护和修复自然环境，使未充分开发的城市地区回归自然。作为重要的规划工具，绿道的生态效益、经济效益与社会效益使其优势更加突出。尽管开放空间网络在本地尺度上能很好地发挥其功能，但流域间的协调对全面的生态可持续开发解决方案十分重要。

除了使地产增值与促进经济外，绿道还可提供交通替代选择，适于慢行与休闲，促使人们加强锻炼、积极生活以增进健康。作为植被缓冲区与泛洪区，绿道可以将洪涝所致的财产损失降至最低，是大尺度雨洪处理与洪涝防护的关键。

绿道除了作为农田与游径的围护外，最常见的就是用作河岸缓冲带。河流廊道包括漫滩、河岸、河道，河岸缓冲带只是其中的一部分，是重要的水陆生态交错区，除过滤径流外，还能提供独特的生境，对维持溪流与流域生态系统的健康十分重要。

减缓径流
在水流到达绿道前利用水流控制
设施减缓水流。

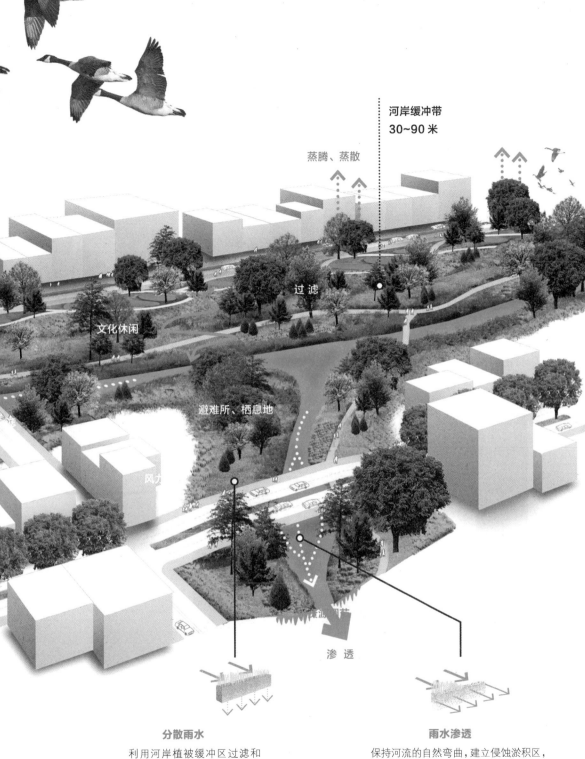

河岸缓冲带
30~90 米

蒸腾、蒸散

过滤

文化休闲

避难所、栖息地

风力

渗透

分散雨水
利用河岸植被缓冲区过滤和
减缓雨水径流。

雨水渗透
保持河流的自然弯曲，建立侵蚀淤积区，
减慢溪流速度，沉积水中悬浮颗粒物。

绿道交叉口设计原则：如果绿色廊道交叉口设计不合理，绿道的功能就会大打折扣。结合地形、地貌等自然特征，合理的设计可减少交叉口，降低环境影响，保护自然资源。小的交叉路口可使用只允许行人和自行车通过的桥梁代替。用于主要通行道路的跨河桥梁间隔高密度区不低于200米，中等密度区不低于400米。绿色廊道交叉口其他考虑因素包括：（1）跨河桥与河道方向垂直，减少河面遮阴；（2）桥梁地基标高应低于溪流最深点；（3）桥拱至少比河岸高出30厘米，便于野生动物通过；（4）桥梁基础后退，尽可能减少对溪流的阻碍作用。

河道中的桥梁基础阻碍水流，容易造成洪水泛滥

蒸腾、蒸散

蒸腾、蒸散

休闲

过滤

街道 | 透水人行道

蒸腾、蒸散

蒸腾、蒸散

气候调节

气候调节

避难所、栖息地

侵蚀控制
沉淀滞留

处 理　　　　　野生动物迁移廊道　　　　　养分循环

过 滤

渗透　　渗透

| 过滤带 | 临水缓冲带 | 河 道 | 临水缓冲带 |

河 漫 滩

第三章
低影响开发设施

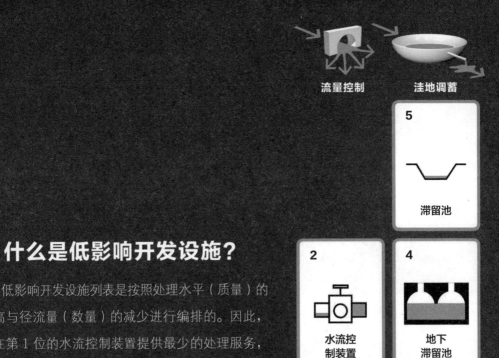

流量控制　　　　洼地调蓄

5

滞留池

什么是低影响开发设施？

　　低影响开发设施列表是按照处理水平（质量）的提高与径流量（数量）的减少进行编排的。因此，排在第 1 位的水流控制装置提供最少的处理服务，排在第 21 位的人工湿地提供最多的处理服务。大多数的城市都要求城市排水系统能应对百年一遇的降雨。单一的处理设施不太可能满足实际需求，但由处于不同水平的处理设施组成的网络却能提供更高水平的处理，最大限度地减少径流量。

2

水流控
制装置

4

地下
滞留池

1

大孔径
排水管

3

干洼地

物理过程

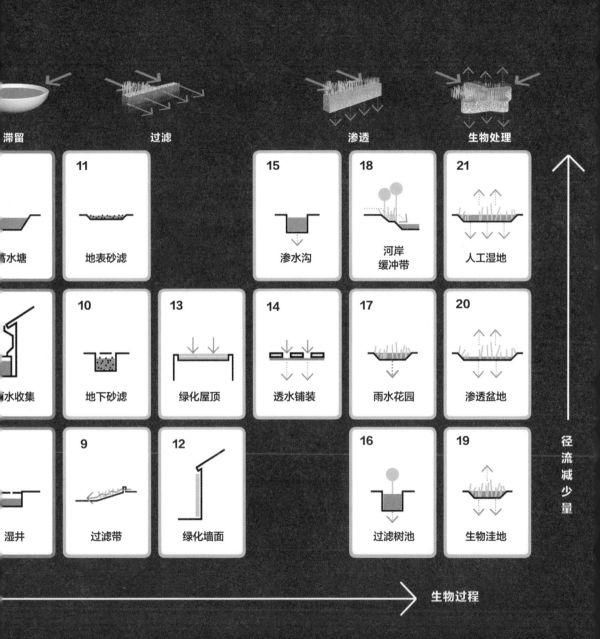

滞留　　　　　　过滤　　　　　　　　　渗透　　　　　　生物处理

	11 地表砂滤		**15** 渗水沟	**18** 河岸缓冲带	**21** 人工湿地
蓄水塘					
	10 地下砂滤	**13** 绿化屋顶	**14** 透水铺装	**17** 雨水花园	**20** 渗透盆地
雨水收集					
湿井	**9** 过滤带	**12** 绿化墙面		**16** 过滤树池	**19** 生物洼地

生物过程 →

径流减少量

低影响开发设施表

159

第一节 设施选择

在单个项目或区块开发时，低影响开发设施的选择取决于对建成后水文格局的预期。虽然场地规划技术可以大幅降低开发对水文的影响，但仍需要额外的措施来模拟场地开发前的水文特征，末期达到低影响开发的总目标。在对场地开发前后的水文状况进行分析模拟后，可以规划设计雨水处理网络，重塑场地。美国马里兰州乔治王子郡《低影响开发设计策略：一种综合设计方案》中提到，低影响开发设施选择步骤如下：

第一步，评估场地的优势与限制。

优势与限制包括场地的土壤特性、地下水水位、岩层深度、气候条件、排水面积、降水格局、地形坡度、土地可用性等自然状况，这些因素影响着低影响开发设施类型的选择。因此，对项目场地基本情况的全面把握是选择低影响开发设施的关键。当涉及设施管控区域的大小时，一定要从小处着手。场地内众多分散的小设施互联互通组成网络，形成一个大的低影响开发处理单元。

第二步，确定场地开发所需的水文管理类型。

水文管理包括流量控制、滞留、存蓄、过滤、渗透以及生物处理。基于径流总量、洪峰流量、洪峰次数与泄洪时间等不同参数，场地开发前水文状况是可以量化的。与常规径流管控设施一样，低影响开发网络必须满足场地开发后关于暴雨出现频率、降水总量、水质要求等相关规定。

其他可行性因素还包括管理与维护条例、社区认可度以及成本开支等。选择低影响开发设施是规划设计的一个重要组成部分，不只是从实践偏好列表中挑选项这么简单；设施本身并不足以恢复开发场地的水文功能，只有在与其他设施结合起来共同发挥作用时才是最有效的。

第三步，用水文模型模拟场地内低影响开发设施不同布局时的水文循环，同时满足场地约束与地方法规。

由于存在多个变量，需要不断地优化水文控制目标，确定低影响开发设施的布局与处理单元大小。在这种交互过程中，通常会确定几个设计方案，然后根据空间需求、美学价值与成本投入来最终确定低影响开发设施配置格局。

如果只利用低影响开发设施不能满足水文控制目标时，就需要结合传统的硬质工程来制定复合的解决方案。严峻的场地约束，如土壤渗透率低、地下水位线高、开发密度大，都可能导致低影响开发设施不足以满足实际需求。尽管如此，仍应尽可能多地利用低影响开发设施，结合硬质处理设施来满足水文设计目标。

第二节　设施应用

1. 大孔径排水管

最佳服务水平：水流控制。

在低影响开发网络中的位置：用在不可替代的地方，如机动车道或人行道等不透水表面下方。

尺度：适用于低影响开发网络的任何位置。

管理措施：需要不定期地清理垃圾和泥沙。

大孔径排水管是比实际所需排水管粗一些的地下排水系统，用以降低径流峰值流速。

虽然大孔径排水管成本较高，但在大暴雨时能消除细排水管所产生的高流速与高水压，以及降低水流对泄洪口的冲刷与侵蚀。大孔径排水管体积较大，能容纳更多的雨水而不造成堵塞，在低影响开发网络中的位置也可灵活设置。

像其他管道设施一样，大孔径排水管也需要每年清理一次垃圾和淤泥等沉积物。

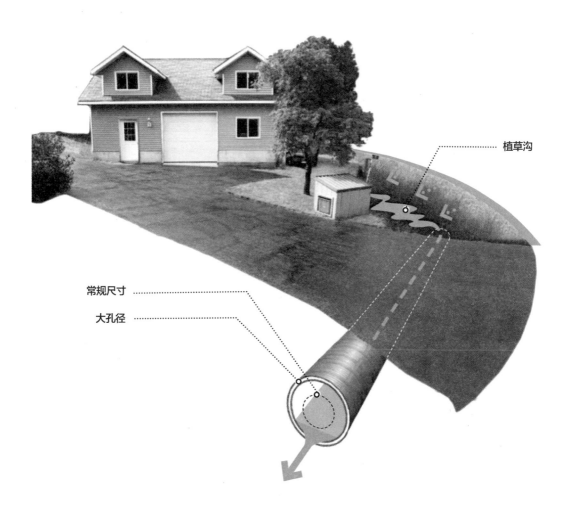

植草沟

常规尺寸

大孔径

2. 水流控制装置

最佳服务水平：水流控制。

在低影响开发网络中的位置：用于径流汇集区下游。

尺度：小到住宅区、大到商业用地都适用。

管理措施：根据需要，不定期地清理垃圾泥沙等淤积物。

水流控制装置，如分流器，是用来减慢径流汇集速率，降低洪峰流量的。

此类装置位于片层径流、渠道径流或管道径流汇集点，使汇集而成的洪流在进入雨洪管理系统前被减弱。流速减慢有利于径流中的碎屑、泥沙等悬浮颗粒物析出。

可防止水流过度冲刷，改善其他低影响开发设施的功效。水流控制装置的应用可降低洪峰流速，减轻泥沙淤积负荷等可能造成洪涝的危险。

此类设施需要定期检修，清除过度淤积的垃圾碎屑以及泥沙等沉积物。

平面图

分流器

　　设置在检修井或集水槽中，自动限流或重新分配汇集的雨水，达到开发前的径流水平。

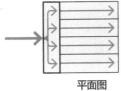

平面图

水平分流与砾石洼地

　　将汇集的雨水，尤其是来自排水管网的径流转换为片层水流。

剖面图

渗水坝

　　通常用处理过的木材搭建，雨水透过木头间狭窄的缝隙缓慢流过。

平面图

路缘石

　　路缘石限定了街道的边界，但不同的形状和开口可将雨水径流导流到低影响开发设施中。

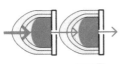

平面图

拦砂坝

　　在大暴雨时，横跨沟渠或洼地的拦砂坝可减缓径流与滞留雨水。

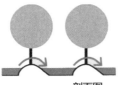

剖面图

树丘

　　在洼地、植草沟或沟渠中植树，树根部形成的土丘可以作为天然的抑水坝，减弱雨水径流。

平面图

水簸箕与碎石基础

　　水簸箕与碎石堆可吸收径流下落时产生的动能，防止土壤流失与被侵蚀。

3. 干洼地

最佳服务水平：滞留、过滤、渗透。

在低影响开发网络中的位置：位于汇聚雨水径流的下游，集雨装置、溢流池或泄洪口的上游。

尺度：适于小的汇水区，如低密度开发项目，或者小面积的不透水表面。

管理措施：一年两次的侵蚀检修、沉淀和碎屑清除。

干洼地或植草沟是一种开放的有草地覆盖的传输通道，在雨水径流流向下游传输的过程中起到雨水过滤、减缓、滞留径流的作用。

作为混凝土沟渠的替代，干洼地除了降低洪峰流量外，还能延迟洪峰，滞留沉淀；与拦砂坝和地下排水沟结合时，干洼地还能滞留雨水，增加渗透。它通常设置在公路沿线、不同建筑之间与不同土地利用之间，是一种高效的雨水径流传输。沟渠底部宽 0.6 ~ 2.4 米，持水深度 1.2 米时对水质改善的效果最优。建设过程中应利用侵蚀控制设施保护新栽植的堤岸。

由于植草种类不同，干洼地为人们提供了不同的审美情趣，也为野生动物提供了多样化的生境。为了维持草地生长，需要定期清理掉大块的垃圾碎屑。一年一次的维护需要注意洼地斜坡的坡度和底部土壤的渗透速率。

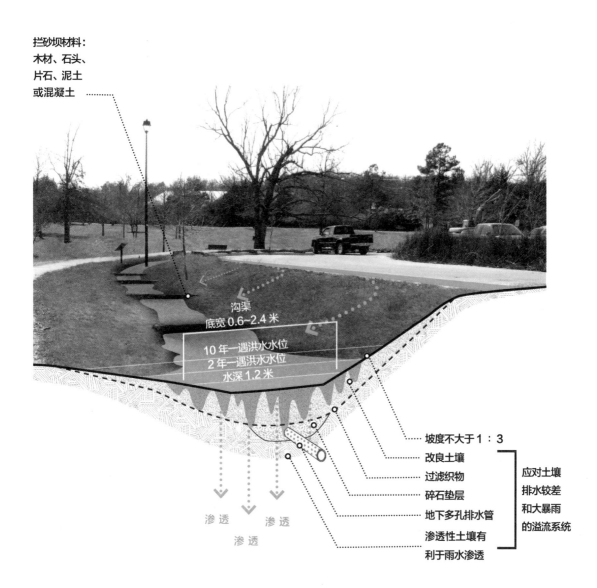

拦砂坝材料：
木材、石头、
片石、泥土
或混凝土

沟渠
底宽 0.6~2.4 米

10 年一遇洪水水位
2 年一遇洪水水位
水深 1.2 米

坡度不大于 1：3

改良土壤

过滤织物

碎石垫层

地下多孔排水管

渗透性土壤有

利于雨水渗透

应对土壤
排水较差
和大暴雨
的溢流系统

渗透   渗透

渗透

4. 地下滞留池

最佳服务水平：滞留、渗透。

在低影响开发网络中的位置：位于过滤设施之后,阻止沉淀过度淤积。

尺度：最大流域面积约 10 公顷的不可渗透表面。

管理措施：检查、清除淤积物。

在雨水进入排水管网之前滞留的雨水径流。

地下调蓄分流将储存的雨水缓慢地排放到低影响开发网络中，如果滞留池底部土壤渗透性强，雨水亦可以透过底部土壤下渗。地下调蓄常用在地上可用空间不足的地方。

地下调蓄通过量化排放可降低洪峰流速，通过沉降或淤积悬浮颗粒物来改善水质，并且具有使雨水下渗的可能。地下调蓄系统虽然初始投入较大，但易于维护。

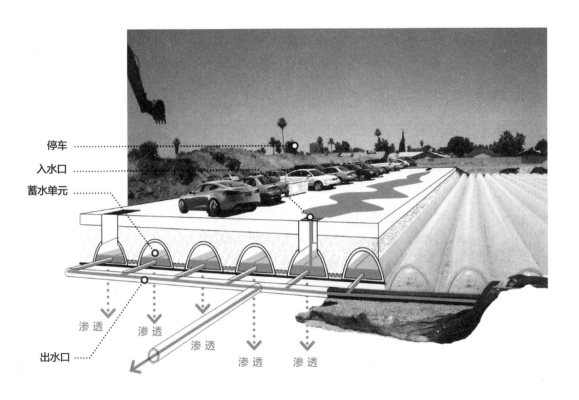

停车 ⋯⋯⋯

入水口 ⋯⋯⋯

蓄水单元 ⋯⋯⋯

渗透 渗透 渗透 渗透 渗透

出水口 ⋯⋯⋯

5. 滞留池

最佳服务水平：滞留、渗透。

在低影响开发网络中的位置：集雨口或径流下游，场外雨洪管理系统的上游 。

尺度：约4公顷或者更大的流域面积。

管理措施：需要定期或不定期地清理淤积的泥沙、垃圾，富集污染物的土壤可能需要修复或者清除。

滞留池、干池被设计用来截留雨水径流暂时储存起来，有控制地排入雨水管网系统或受纳水体。

滞留池被设计用于彻底疏散24小时内产生的雨水径流，达到控制径流量、降低洪峰流速以及避免冲刷和侵蚀造成水生生境丧失的目的。一般而言，排水面积约大于4公顷时才用滞留池，这是因为小地块上排水管道孔径较小，容易堵塞，并且也很难控制流量。另外，排水面积较大还能降低单位面积上的分摊成本。

滞留池中淤积的沉淀物二次悬浮是一个大问题，因而需要定期清理泥沙、碎屑和污染物。滞留池不具备渗透功能，最好将其设置在具有生态处理功能的网络之中。

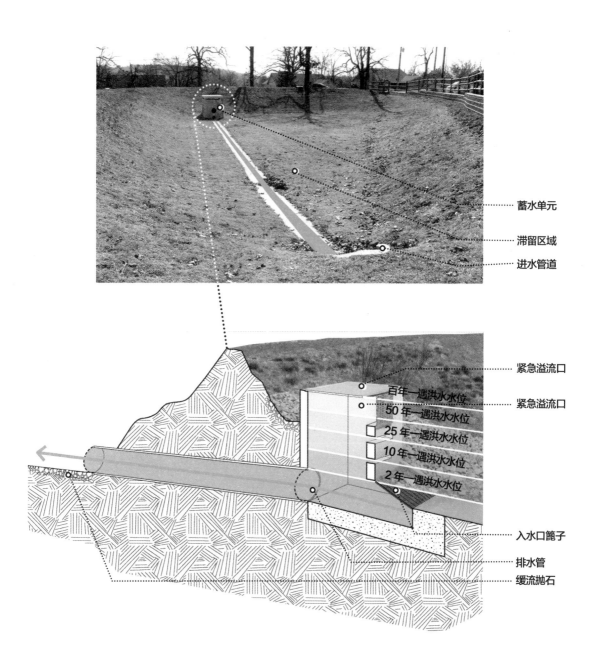

蓄水单元

滞留区域

进水管道

紧急溢流口

紧急溢流口

百年一遇洪水水位

50 年一遇洪水水位

25 年一遇洪水水位

10 年一遇洪水水位

2 年一遇洪水水位

入水口篦子

排水管

缓流抛石

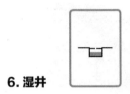

6. 湿井

最佳服务水平：截流。

在低影响开发网络中的位置：溢流池或排水口上游，过滤设施的下游。

尺度：取决于汇水区域的大小。

管理措施：需要特殊设备来清除泥沙和垃圾等淤积物。

湿井是截留雨水径流的永久性地下结构。

湿井作为永久的截留设施，具有衰减径流、处理雨污的作用，与其他可排空雨水的地下设施相比，它可以清除掉雨水径流中更多的泥沙、垃圾等沉淀物。湿井虽然并不完全排空雨水，但它确实降低了雨水排向其他设施时的水流速率。该设施具有控制径流量、降低洪峰流量、沉淀控制以及雨水收集的功能。

湿井通常用于地表建设低影响开发设施受限的地方。该设施需要的管理维护极少，定期检查汇水区域、清除大块杂物碎屑和垃圾即可。

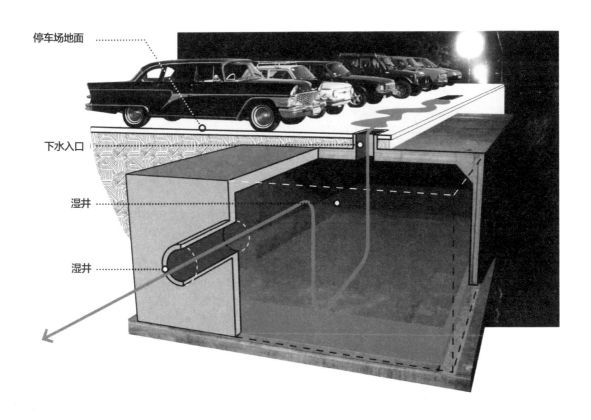

停车场地面

下水入口

湿井

湿井

7. 雨水收集

最佳服务水平：储存。

在低影响开发网络中的位置：位于径流源头，雨水处理序列的起点。

尺度：从 0.2 立方米的住宅用集雨桶到 95 立方米工业贮水池。

管理措施：需要季节性地清除碎屑垃圾，检修储水设施。

雨水收集包括收集、贮存、循环利用屋顶径流。

雨水收集降低了径流总量和洪峰流量。蓄水池、储水囊、预制钢丝网化粪池通常比水桶、水罐大，常用于家庭生活用水，而不是景观灌溉。大多数雨水收集装置都是模块化的，可以通过连接更多的模块来增加贮水容量。在年降雨量大于约 65 厘米的区域，100 平方米的屋顶每年至少产生 60 立方米水。在雨季收集雨水用于灌溉，至少需要 10 只集雨桶或者一个 2 立方米的贮水池。

与其他低影响开发设施相比，雨水收集装置仅需要中等维护。收集的雨水必须尽快用掉，一方面避免发臭变质，另一方面还能增强储水能力。水槽格栅可防止垃圾碎屑进入储水容器堵塞管道。在用作饮用水时，需要进行过滤与净化处理。

封口盖防止
蚊虫进入

进水口

溢流口

水龙头

混凝土底座

集雨桶

通常能贮存190
升的雨水，可以设置
在每个雨落管的下方。

水槽

一种小容量贮存
设施，可以设置在建
筑物周围。

水箱

比较常见的雨水
贮存设施，通常置于
地上，有塑料、玻璃
纤维、金属或木质等
不同材质可供选择。

预制钢丝网化粪池

混凝土化粪池代
替储水池，可设置在
地上或地下。

储水囊

不需要建造，可
以放在任何地方，因
而与其他需要固定安
装的储水系统相比，
它是一个实惠的备受
青睐的替代选择。

8. 蓄水塘

最佳服务水平：蓄水、处理。

在低影响开发网络中的位置：位于汇水区和径流的下游，通常在场地的最低处。

尺度：适用于住宅区、商业区和工业区，根据区域降雨量，汇水面积不小于 4 公顷。

管理措施：每半年检查一次，清理淤泥、碎屑和垃圾，确保排水顺畅。

蓄水塘就是一个湿式滞留池，是一个具有少量生物处理功能的永不干涸的池塘。

蓄水塘通过生物吸附和物理沉淀来清除污染物，去除污染物的总量与径流留存时长、径流量占蓄水塘总容量的比例相关。蓄水塘要维持一定的水位就需要持续不断的雨水输入，所以不能建在径流充沛的地方。另外，蓄水塘不能建在土壤渗透性高的地方，除非压实土壤或者铺设黏土层。

在适当的种植与维护条件下，蓄水塘能创造适宜的水生生境。池塘增氧机可阻止水流静止与藻类繁殖所造成的富营养化和水体缺氧。健康的有氧环境对水生生物与病虫害综合防治是必要的，蓄水塘需要周期性的维护以确保排水顺畅、曝气充足、有氧代谢正常以及植物生长健康。垃圾、碎屑和沉淀物也需要定期清理。

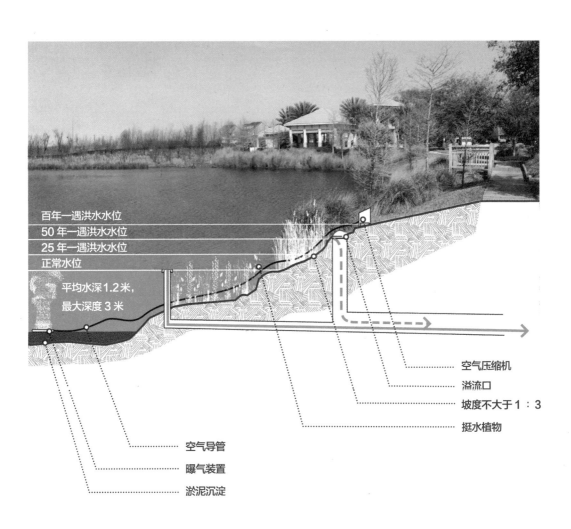

百年一遇洪水水位
50 年一遇洪水水位
25 年一遇洪水水位

正常水位

平均水深1.2米，
最大深度 3 米

空气压缩机

溢流口

坡度不大于1：3

挺水植物

空气导管

曝气装置

淤泥沉淀

9. 过滤带

最佳服务水平：过滤。

在低影响开发网络中的位置：位于主要的雨水径流处理系统上游。

尺度：从街边小坡到大场地护坡。

管理措施：垃圾与沉淀物清除、割草，清除垃圾和泥沙等淤积物。

具有一定的坡度并且与不透水表面平行，如停车场、人行道或者公路，将汇集的雨水转换为片层径流，起到减缓径流的效果。

过滤带利用植物过滤并减缓径流，这可以防止排水管网堵塞或受纳水体泥沙淤积。在雨水进入过滤带之前利用水平分流器设施使雨水径流均匀地流入过滤带，然后利用植草沟等其他处理设施来导流过滤后的雨水。为了确保过滤效果，排水区域不应超过 46 米宽，横向坡度在 1% ~ 2%，稍陡一些的斜坡，应采用阶梯式的水平分流设施来弥补。

拟建过滤带的位置不能堆放建材或进行其他可能扰乱地表土壤系统的活动。需要定期检查与维护，防止碎屑与泥沙淤积堵塞。过滤带应建在阳光充足的地方，使其能够在降雨间隔期间保持干燥，防止植物烂根或生长受限。

流域面宽不超过 46 米

排水区域 ⋯⋯⋯⋯⋯

坡度不大于 1：2 ⋯⋯⋯⋯

渗透性土壤有
助于雨水下渗,
但不是必需的 ⋯⋯⋯⋯

6 ~ 30 米宽

10. 地下砂滤

最佳服务水平：滞留、过滤。

在低影响开发网络中的位置：位于水流控制装置下游，"第一波"径流导入过滤设施中。

尺度：汇水面积小于 4 公顷的小区域。

管理措施：定期清理垃圾、沉淀、污染物。

地下砂滤由三个隔室系统组成，用来预处理、过滤以及临时储存暴雨初始冲刷产生的径流。

在高密度的城市核心区，地下砂滤可弥补渗透性排水面积不足的空间限制，还能有效去除径流中的许多常见污染物，尤其是悬浮颗粒物。地下砂滤旨在水质控制而非流量控制，因而用于过滤或截留"第一波"径流是最有效的，后续的径流将绕过砂滤系统直接进入流量控制设施。

此类装置只适用于稳定的建成区域，因为场地建设期间暴雨径流中大量沉淀悬浮物会很快使砂滤因堵塞而失效。

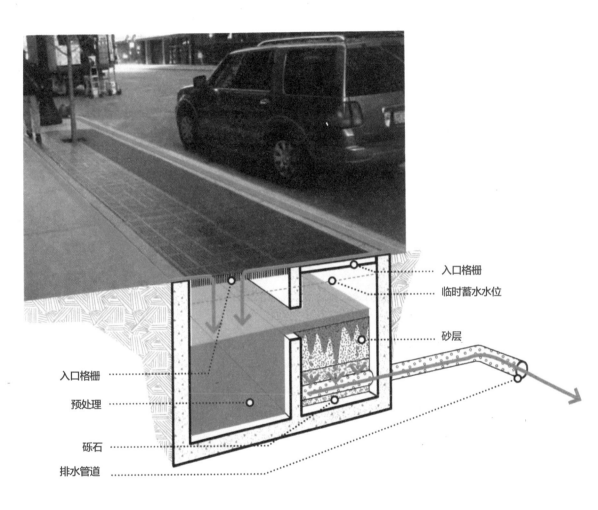

入口格栅

临时蓄水水位

砂层

入口格栅

预处理

砾石

排水管道

11. 地表砂滤

最佳服务水平：过滤、滞留。

在低影响开发网络中的位置：位于水流控制装置下游，将雨水初始冲刷所产生的径流导流到过滤设施中。

尺度：汇水面积小于 4 公顷的小区域。

管理措施：定期清理垃圾、沉淀、污染物。

作为过滤池，地面砂滤利用分流设施、干（湿）沉淀前池和砂床来管控径流中的氮、磷等营养负荷。

"第一波"径流进入预处理池，较重的固体颗粒物被沉淀分离出来；然后进入砂滤池进行污染物的二次过滤，硝酸盐、磷酸盐、碳氢化合物、重金属和沉淀物被过滤砂床捕获；砂床在汇集雨水的同时还降低了径流流速，从而降低了洪峰流量。砂床也降低了径流流速，从而降低了洪峰流量。

地面砂滤系统在雨污成为影响主要水质因素的区域十分有用。在与地下渗透系统相结合时，可显著升高处理水平。排水面积小于 4 公顷时，地面砂滤系统处理效果最佳。

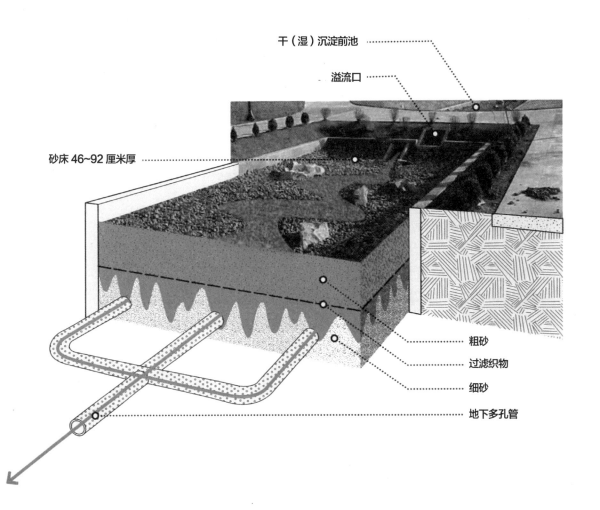

干（湿）沉淀前池

溢流口

砂床 46~92 厘米厚

粗砂

过滤织物

细砂

地下多孔管

12. 绿化墙面

最佳服务水平：水流控制、过滤。

在低影响开发网络中的位置：在网络起始处，直接与屋顶相连。

尺度：从小规模住宅应用到大规模商业设施应用。

管理措施：根据植物生长需要进行浇水与修剪。

绿化墙面，也叫生物墙、绿墙或垂直花园，是由植物、土壤和无机物生长介质所覆盖的建筑围护结构的延伸部分。

绿化墙面分为被动系统与主动系统。主动系统改善空气质量，被动系统改善水质，因而很适合低影响开发。与绿色屋顶类似，绿墙截留雨水，降低径流负荷，利用隔热系统还能调节建筑温度，从而降低建筑温度调节负荷。

设计建造绿墙时，必须慎重考虑建筑结构载荷、防潮处理以及日光朝向对植物生长的影响。

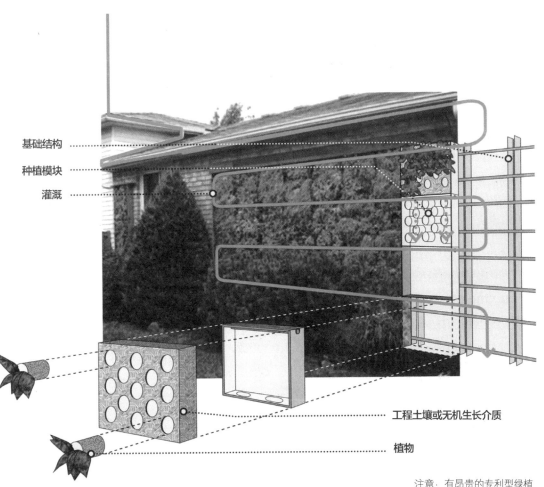

基础结构

种植模块

灌溉

工程土壤或无机生长介质

植物

注意：有昂贵的专利型绿植
墙系统，也有自己制作的各种类
型的绿植墙。

13. 绿化屋顶

最佳服务水平：过滤、处理。

在低影响开发网络中的位置：在雨水径流的源头，位于网络的起始处。

尺度：从小规模的住宅到大规模的商业设施均可应用。

管理措施：屋顶防水检修、植被日常管护以及保证雨落管排水通畅。

绿化屋顶或者绿色屋顶是建设在建筑顶部的生态花园。

作为闭合循环系统，绿色屋顶在源头捕获雨水达到慢排缓释的效果，植物蒸腾过程也可减少径流总量。绿色屋顶的隔热功能还可调节建筑温度，降低建筑冷热调节负荷。绿色屋顶对管控短时强降雨非常有效，在气候温和区每年能累计减少 50% 的雨水径流。在洪涝多发区，绿色屋顶处理周期性短时强降雨的效果也是令人满意的。平面屋顶和斜坡屋顶都能进行绿化，只是平面屋顶施工容易一些。在陡坡屋顶进行绿化时需要用额外的交叉扣板来固定排水层，控制土壤侵蚀。

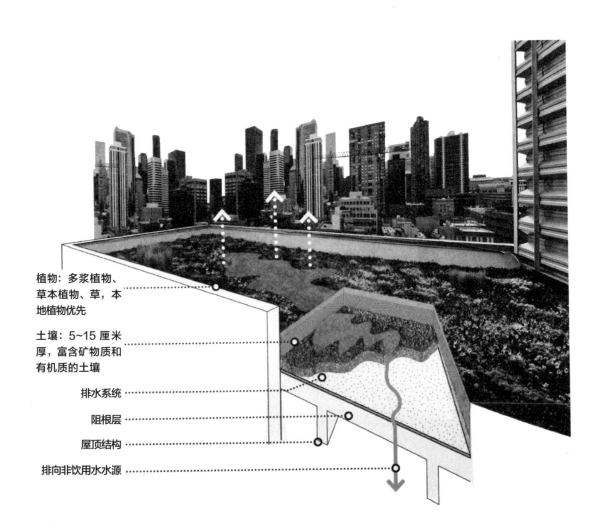

植物：多浆植物、草本植物、草，本地植物优先

土壤：5~15 厘米厚，富含矿物质和有机质的土壤

排水系统

阻根层

屋顶结构

排向非饮用水水源

14. 透水铺装

最佳服务水平：过滤、渗透、处理。

在低影响开发网络中的位置：在雨水处理系统上游，可去除沉淀，减少径流量。

尺度：适用于停车位、停车场或街道。

管理措施：透水铺装需要用真空吸尘器清除沉淀，植草格可能需要修剪与灌溉。

透水铺装允许雨水垂直流过硬质表面，作为硬化路面的替代，应支持步行和车辆通行。

透水铺装应包含一个由粗骨料组成的用于储存雨水的基础垫层。在一些设计中，基础垫层由土壤、砾石和砂组成，用以增加储水量，提高渗透速率。透水铺装可去除雨水中的沉淀与其他污染物，起到分散径流、减少流量、补给地下水的作用。透水铺装有多种类型，如预制模块、现场浇筑、透水沥青、多孔混凝土、碎石铺装等可提供不同的选择。选用高反射率浅色系铺装系统还能降低城市热岛效应。

碎石、预制模块和多孔铺装系统必须用大功率的真空吸尘器清扫，植草格铺装可能需要不定期的修剪和灌溉。平面屋顶施工容易一些。在陡坡屋顶进行绿化时需要用额外的交叉扣板来固定排水层、控制土壤侵蚀。

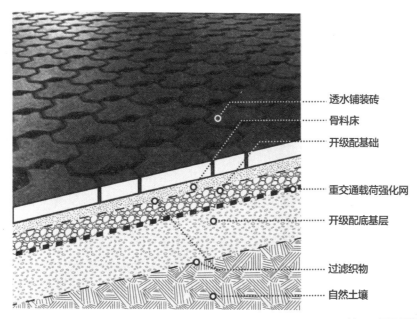

透水铺装砖

骨料床

开级配基础

重交通载荷强化网

开级配底基层

过滤织物

自然土壤

注：开级配是指石子级配不连续，直观上看到就是混凝土的空隙大。如果用好几种粒径，混凝土无空隙，就是密级配。

透水铺装材料

透水沥青
多孔混凝土

开口网格铺装块

碎石铺装

草间混凝土

植草铺装块

15. 渗水沟

最佳服务水平：渗透、处理。

在低影响开发网络中的位置：在过滤设施下游和大的处理设施上游。

尺度：从小渗滤带到最大汇水面 0.8 公顷的渗滤砂床。

管理措施：每年都需要清理垃圾和耙松渗透层以保持渗透性。

渗水沟是一个带内衬织物的叠层系统，在土工布衬底的储水层顶部再铺设透水织物，增加雨水渗滤。

渗水沟在土壤排水状况较差的地方十分有用。雨水在沟渠内透过改良土壤逐渐下渗时，径流中的悬浮颗粒被滤除，这个过程大概需要几天的时间。此类设施可促进水藻的生长，因而可达到分解污染物、减轻面源污染的效果。渗水沟的最大汇水面积不应超过 0.8 公顷，与雨洪管控规划中其他低影响开发设施结合是十分必要的。

如果上游有过滤带这样的预处理设施，渗水沟需要的维护就很少。树木不宜种植在离渗滤沟很近的地方。这种布局可降低渗水沟堵塞的可能性。建议每年进行一次检查维护，移除大块碎屑、垃圾。

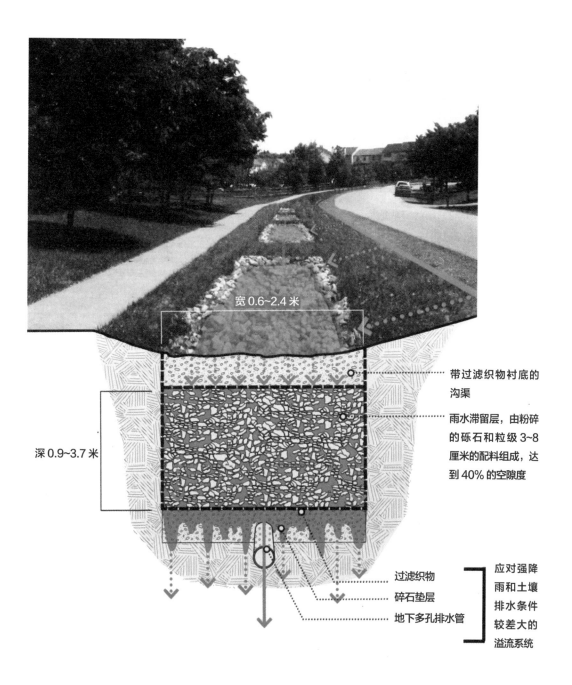

宽 0.6~2.4 米

深 0.9~3.7 米

带过滤织物衬底的
沟渠

雨水滞留层，由粉碎
的砾石和粒级 3~8
厘米的配料组成，达
到 40% 的空隙度

过滤织物

碎石垫层

地下多孔排水管

应对强降
雨和土壤
排水条件
较差大的
溢流系统

16. 过滤树池

最佳服务水平：渗透、处理。

在低影响开发网络中的位置：过滤或渗透，取决于所采用的系统。

尺度：从单个树池到城市里大的树池网络。

管理措施：偶尔需要垃圾清理与表面松土，保持渗透性；定植的树木每7年更换一次。

树池或者树井就是一个填满改良土壤的容器，底部铺有碎石垫层，在改良土壤中种植木苗。

雨水径流从街道流入树池，树木的根系可吸收，处理富含污染物的雨水。暗渠将处理过的雨水输送到地表排水口，或者导入更大的滞留系统，进行二次处理。苗木每5~10年就要更换一次，因而生命周期比较短。树池内也可种植耐水淹的灌木和草本植物。

过滤树池或树井可以与城市改造相结合，改善水质，减缓城市热岛效应。与其他过滤设施一样，也需要不定期维护，清除淤积的大块碎屑和泥沙垃圾。

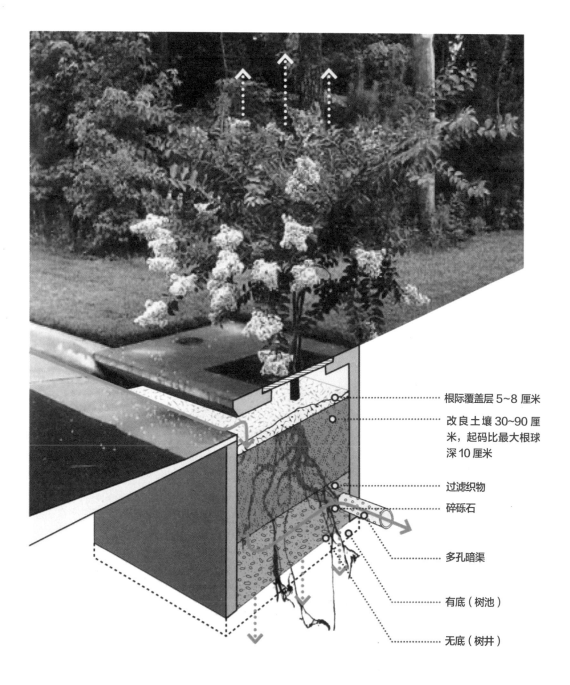

根际覆盖层 5~8 厘米

改良土壤 30~90 厘米，起码比最大根球深 10 厘米

过滤织物

碎砾石

多孔暗渠

有底（树池）

无底（树井）

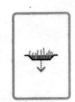

17. 雨水花园

最佳服务水平：过滤、渗透、处理。

在低影响开发网络中的位置：位于过滤设施的下游和较大处理设施的上游。

尺度：50 平方面，保证在降雨间隔期间有充足的灌溉用水。

管理措施：不定期地清理垃圾与修剪苗木。

雨水花园是一个设计用于过滤雨水径流但不贮存雨水的种植洼地。

雨水花园通常被认为是一种生物滞留设施，在雨水经过"土壤—植物"群落时，植物的修复作用可减轻径流污染。雨水花园包含多层根际覆盖物和有机砂质土壤，这种结构，可增强微生物活动和雨水渗透。考虑到当地气候、土壤与湿度条件，推荐多种植本土植物，尽量少使用化肥、杀虫剂等化学制剂。雨水花园最适合在相对较小的尺度上应用，在门前通道和房产周围低洼区域表现都很出色。

雨水花园要离建筑至少 3 米，避免渗水返潮、滋生霉菌等问题。雨水花园还应远离大树，避免遮阴，充足的光照对排干雨水有促进作用。

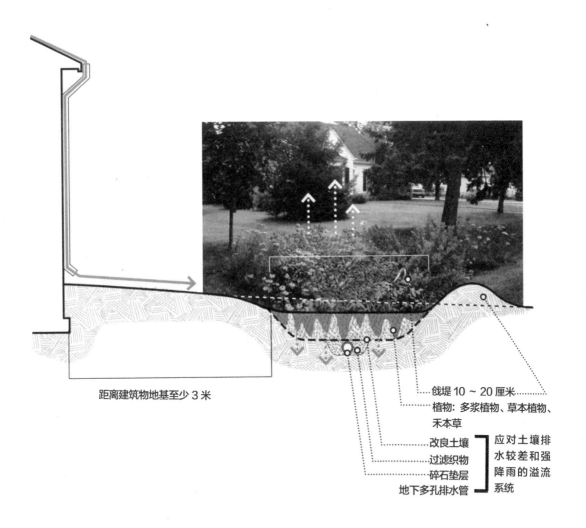

距离建筑物地基至少 3 米

饿堤 10 ~ 20 厘米
植物：多浆植物、草本植物、禾本草

改良土壤
过滤织物
碎石垫层
地下多孔排水管

应对土壤排水较差和强降雨的溢流系统

18. 河岸缓冲带

最佳服务水平：过滤、渗透、处理。

在低影响开发网络中的位置：在受纳水体上游、所有低影响开发设施的下游。

尺度：宽 30~90 米

管理措施：根据需要清理垃圾、泥沙、碎屑等淤积物，需要修剪或拔草。

河岸缓冲带是一个在河流沿岸被兼生植物覆盖的水成土带，能提供多样化的小生境。

设置河岸缓冲带是一种利用本地植物群落来改善水质、保护水体的既简便又经济的方法。植被缓冲区通常宽 30 ~ 90 米，可过滤掉 50% ~ 80% 的径流污染物，并且在结构上能稳固堤岸，防止侵蚀与滑塌。大树与灌丛遮阴能维持河流中一些水生生物生存所需的恒温环境。缓冲带宽度取决于周围环境、土壤类型、汇水区域大小、地形坡度以及植被覆盖类型。

河岸缓冲带与水流控制装置结合时是最有效的，能阻止高速的水流对河道造成的冲刷与侵蚀。缓冲带在中心城区时，恰当有效的管理是必需的，有利于发挥其对水流的减缓与过滤作用。

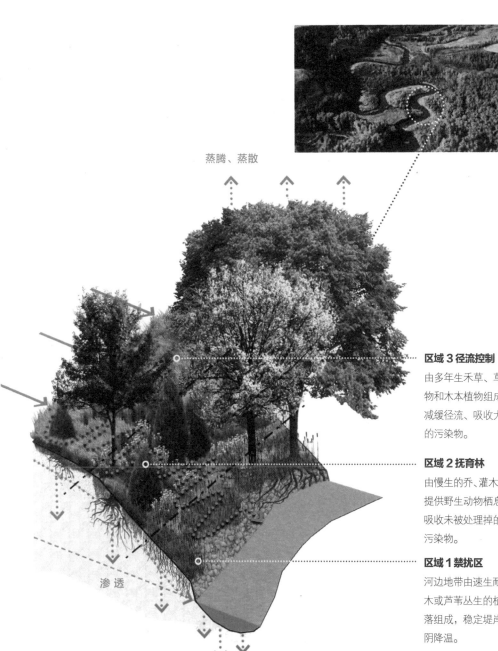

蒸腾、蒸散

区域 3 径流控制

由多年生禾草、草本植
物和木本植物组成，可
减缓径流、吸收大部分
的污染物。

区域 2 抚育林

由慢生的乔、灌木组成，
提供野生动物栖息地，
吸收未被处理掉的残留
污染物。

区域 1 禁扰区

河边地带由速生耐涝乔
木或芦苇丛生的植物群
落组成，稳定堤岸、遮
阴降温。

渗透

渗透

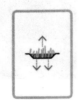

19. 生物洼地 / 植草沟

最佳服务水平：过滤、渗透、处理。

在低影响开发网络中的位置：作为下游过滤设施的组成部分，位于大的滞留、储存、处理设施的上游。

尺度：宽 0.6~2.5 米，适宜水深 5~10 厘米。

管理措施：需要偶尔清理垃圾与修剪植物。

生物洼地是一个开放式的由植被缓坡组成的用来处理和传输雨水径流的沟渠。

生物洼地是一种生物滞留设施，利用沟内兼生性植物的修复作用来减轻污染。生物洼地作为一种具有雨水处理功能的明渠，降低地下雨水管网的建设需求，从而可降低单位面积土地开发的成本。植草沟的主要功能是在雨水径流传输过程中对其进行处理，而雨水公园是在雨水下渗的过程中对雨污进行处理。植草沟通常位于道路沿线或停车场周边，汇水面积一般小于 2 公顷。

雨水径流需要利用开口路缘石、排水沟或其他装置将其引流到植草沟中。在土壤渗透较差的地方可能需要地下排水管和溢流格栅来应对强降雨。

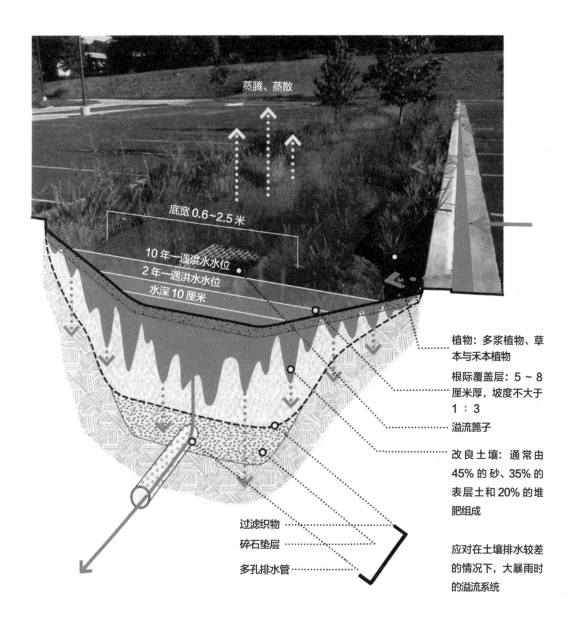

蒸腾、蒸散

底宽 0.6~2.5 米

10 年一遇洪水水位
2 年一遇洪水水位
水深 10 厘米

植物：多浆植物、草本与禾本植物

根际覆盖层：5 ～ 8 厘米厚，坡度不大于 1：3

溢流篦子

改良土壤：通常由 45% 的砂、35% 的表层土和 20% 的堆肥组成

应对在土壤排水较差的情况下，大暴雨时的溢流系统

过滤织物
碎石垫层
多孔排水管

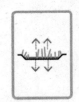

20. 渗透盆地

最佳服务水平：过滤、渗透、处理。

在低影响开发网络中的位置：作为低影响开发终端设施，位于溢流池或受纳水体上游。

尺度：不超过 4 公顷大的湿草甸。

管理措施：修剪与清淤，每半年一次。

渗透盆地或者湿草甸是具有高渗土壤的浅水暂存区，而不是保持永久水面的池塘，发挥临时存蓄雨水、渗透雨水的作用。

此类设施利用水成土过滤雨水径流，改善水质，补给地下水。除此之外，它还能利用兼生植物所特有的修复功能来同化、吸收雨水中的污染物。与雨水花园、植草沟不同，渗透盆地更适于大尺度的土地开发。开发区域的水文地质学特性是雨水径流持续渗透的关键因素，土壤稳定入渗率应不低于每小时0.7厘米。渗透盆地不适合作为开发后填充的场地。

沉淀淤积是渗透盆地功能丧失的首要原因，因而上游必须使用减少径流沉淀的过滤设施。在植被群落经过自然演替达到稳定后，渗透盆地需要的维护营养极少。

渗透盆地地
平面以及高
密度植物群
落

稳定入渗率
不低于每小
时 0.7 厘米

根系较深的
兼生植物

地下水位

地下水

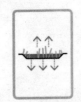

21. 人工湿地

最佳服务水平：过滤、渗透、处理。

在低影响开发网络中的位置：作为下游过滤设施的组成部分，位于大的滞留、储存、处理设施的上游。

尺度：从汇水面积 4～10 公顷的小型湿地到浅滩沼泽的管理措施。

管理措施：需要清理垃圾与沉淀，建成后 3 年之内每年清理两次。

人工湿地是人造的永不干涸的沼泽或者浅滩，可提供一系列的雨污处理生态服务。

作为综合处理系统，人工湿地与渗透盆地一样，需要利用场地固有的水文地质学特性来重建和恢复流域的自然水文功能，需要对上游的雨水径流进行预处理来清除可能造成湿地淤积的沉淀，防止水体富营养化或形成厌氧的水环境。

与滞留池相比，人工湿地占地广、水深较浅、植被覆盖率高。人工湿地需要一个相对较大的汇水面积来保证其永不干涸。虽然在径流充足的小场地更适合小型湿地，但人工湿地的供流面积应不低于 4 公顷。

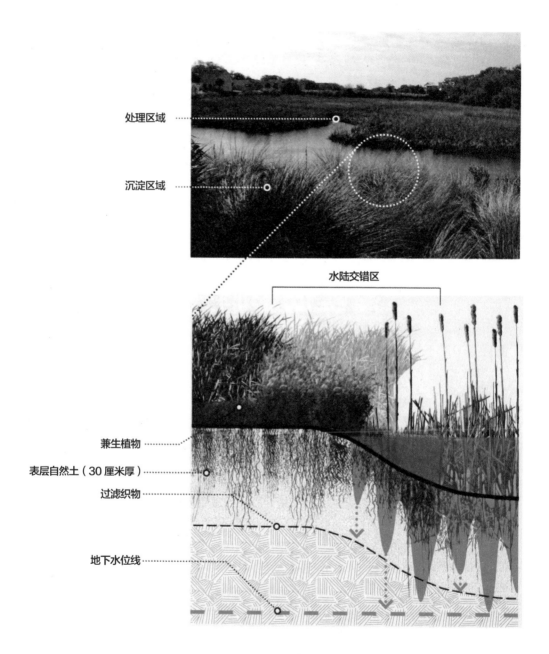

处理区域

沉淀区域

水陆交错区

兼生植物

表层自然土（30 厘米厚）

过滤织物

地下水位线

第四章
落实低影响开发

你能做什么？

制定决策需要考虑不同的利益相关者，实现地方、州以及国家的目标，需要公共领域与私人领域共同的努力。业主、设计建造人员与市政部门等不同层次的利益相关者是最有希望在城市土地经营管理中实施低影响综合开发的。这一章重点阐述如何将低影响开发与当前的城市开发相结合，形成一套真正有用的流域法低影响开发方法，同时阐明相关的经济效益与社会效益。

你扮演什么角色
落实对象

政策、标准与公约
落实保障

是管理而不是维持
落实管理

第一节　落实对象

一、业主

从小地块独栋房屋拥有者到大型商业开发业主，是市场最大的雨洪管理需求主体，是能否成功地应用流域法实施低影响开发的关键影响因素，业主对土地的管理在消灭面源污染方面的累积效应是巨大的。

与大水体的污染相比，小溪流污染和源头污染实际上对流域健康的影响更大，私人地块的开发对流域水质的影响具有同等的复合效应。

产权人应该理解，低影响开发设施不仅仅是装饰性景观，还是更大景观公共基础设施的一部分。

1. 实施低影响开发的步骤

包括根据当地苗圃和园艺专家建议，利用本土植物构建兼生性景观；尽可能地减少不透水地面，收集和过滤来自屋顶的雨水径流。细分的地块开发项目应聘用专业的设计与建造人员，实施低影响开发。

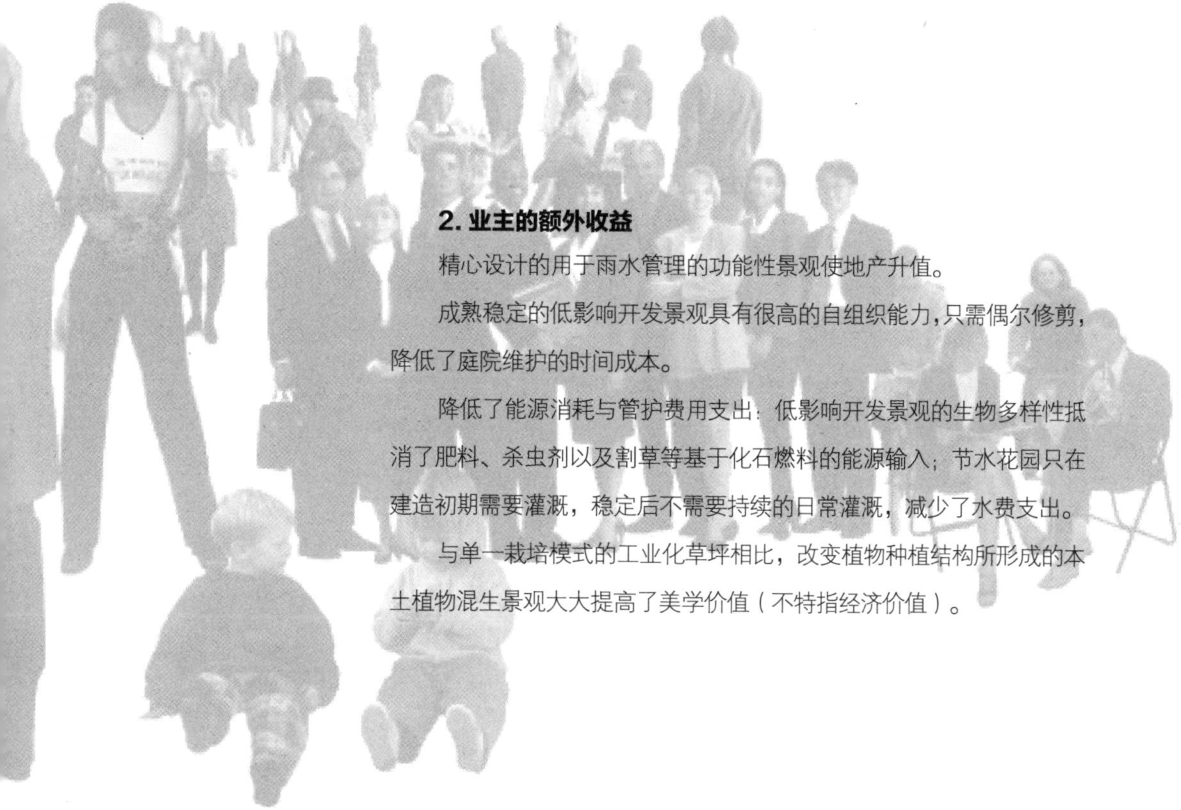

2. 业主的额外收益

精心设计的用于雨水管理的功能性景观使地产升值。

成熟稳定的低影响开发景观具有很高的自组织能力，只需偶尔修剪，降低了庭院维护的时间成本。

降低了能源消耗与管护费用支出：低影响开发景观的生物多样性抵消了肥料、杀虫剂以及割草等基于化石燃料的能源输入；节水花园只在建造初期需要灌溉，稳定后不需要持续的日常灌溉，减少了水费支出。

与单一栽培模式的工业化草坪相比，改变植物种植结构所形成的本土植物混生景观大大提高了美学价值（不特指经济价值）。

二、设计与建造专业人员

专业设计团体包括生态学家、景观设计师、规划师、建筑师、工程师、承包商和开发商，他们对低影响开发有着全面的理解，代表了最具影响力的低影响开发实践的主流。这些专业人员及其所属机构应承担起对客户、公众与政策制定者的宣传教育职责。

专业设计人员通常比较关注产品（建筑、景观或住宅小区）的性能和可持续性，但更应了解项目在整个生命周期内对所处流域环境的影响。专业的建设人员应该采用适合场地不同建造阶段的技术，便于低影响开发设施在建成后发挥其正常功效。

1. 实施低影响开发的步骤

包括在设计与建造过程中将标的物所处的汇水区作为最小的规划单元；专业人员需要跨领域协作对场地进行相关的分析与设计；首先进行水文设计，随后进入项目分块设计与建设施工阶段。

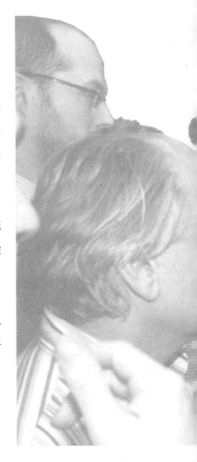

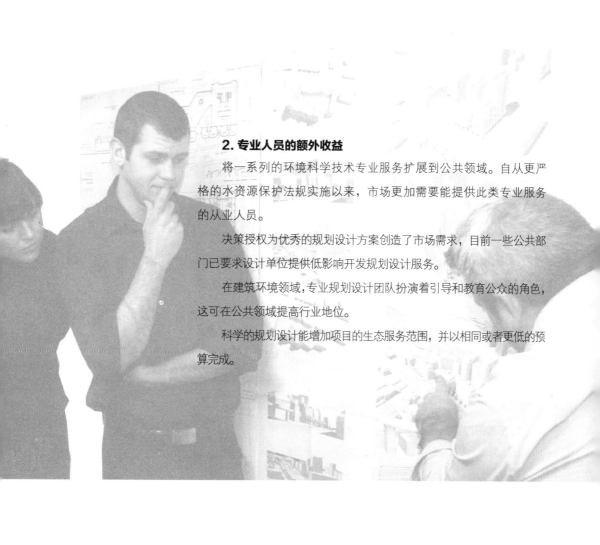

2. 专业人员的额外收益

将一系列的环境科学技术专业服务扩展到公共领域。自从更严格的水资源保护法规实施以来，市场更加需要能提供此类专业服务的从业人员。

决策授权为优秀的规划设计方案创造了市场需求，目前一些公共部门已要求设计单位提供低影响开发规划设计服务。

在建筑环境领域，专业规划设计团队扮演着引导和教育公众的角色，这可在公共领域提高行业地位。

科学的规划设计能增加项目的生态服务范围，并以相同或者更低的预算完成。

三、市政部门

　　作为法规制定与执行的主体，市政部门和水务部门对区域开发建设模式的选择最具影响力。如果区域开发过度，肯定是因为地方法规和土地利用条例助长了区域的无序扩张。

　　市政部门可通过法规、激励措施和强制执行等方式设置开发建设标准和市场预期。许多市政部门禁止或者不鼓励在街区、街道或开放空间尺度水平上建设低影响开发基础设施，无意中造成了流域复杂的水质问题。

　　目前大多市政部门仍致力于采用"管道—水池"快排模式的雨水基础设施，但也有少部分开发利用公园来代替地下管道。目前，低影响开发模式只是土地充足的郊区所特有的开发管理策略，在开发密度和强度较高的城区还没上升到作为基础设施建设的高度。

1. 市政部门实施低影响开发的步骤

　　包括制定低影响开发条例而不是依赖于变通；市政部门也可采取激励措施，引导金融机构和开发团体打造低影响开发样板；水务部门需要突破部门分工限制，作为整合资源的规划者，协助市政部门将雨水径流作为一种自然资源来管理。

2. 市政部门的额外收益

改善流域内不同汇水区的水质与生态功能，是修复污染水质的先决条件。

在中等密度的城区可降低街道建设成本 40%，因为低影响开发技术的应用不需要全部建成硬质基础设施，包括管道、集雨口、路缘石、边沟等。

市政部门通过水利基建投资增加了城市人均公园面积，因为低影响开发设施变成了绿色公共空间。

对利用污水处理设施处理雨污径流的部门而言，低影响开发降低了污水处理设施的负荷与运行费用。

建设绿色街道可以提升街道的美学价值与安全性，还可以缓解城市热岛效应。

第二节　落实保障

实施低影响开发的障碍：政策、法规与条例。在大多数城市，低影响开发是一种不被认可的开发模式，将其作为主要的雨洪管理系统是不合法的。然而，熟悉低影响开发的人都承认低影响开发优于传统的开发模式，包括地产所有者、建筑商、设计师等项目出资方，以及负责监管与审批的市政管理者。尽管如此，改革仍然困难重重，因为当前所有的开发模式和业务规划都是围绕流行的硬质工程模式制定的，而硬质工程常常忽略流域的水文功能与生态服务功能。由于缺乏案例示范与风险认知，并且建筑行业本身也缺乏学习宣传，因而造成了实施低影响开发的认知障碍。虽然如此，希望从公共投资中获取更多生态服务的市政部门已开始将低影响开发基础设施纳入准合法的开发行为中。本节重点列出了一些常见的阻碍低影响开发的法规与条例，同时也注明了促进低影响开发所需调整的法规与条例。理想的情况是通过对地方法规的简单修订，鼓励建筑商和产权人利用低影响开发技术增强公共安全（环境安全、生态安全）。

1. 建筑

（1）禁止将循环利用的灰水供家庭使用。

灰水是洗碗、洗衣以及洗浴所产生的生活污水，不包括化学污染与生物污染水平较高的厕所黑水。一些市政部门允许灰水循环用于住宅和商业景观的灌溉，只有极少数允许经过处理后供家庭（生活）使用。目前，处理灰水供家庭使用的费用仍高于使用市政供水的费用，但随着远距离供水费用的增加，情况正在逐渐发生变化。

（2）禁止将收集的雨水用作生活用水。

与雨水收集有关的条例与法规在全美国范围内并不一致。例

如，一些辖区要求新建建筑必须有雨水收集系统；一些辖区只允许收集雨水用于户外灌溉，禁止屋内使用；还有一些因为影响美观而禁止使用储水罐等雨水收集设施。美国有些州还列出了大量的雨水收集规范，包括私人供水系统消毒的基本要求。一些地方允许使用双供水系统，但需要设置适当的防回流装置以避免收集的雨水污染公共水源。

（3）与排水沟相关的条例。

一些小区将雨落管、排水沟与街道的雨水管网直接相连，这排除了利用雨水公园等低影响开发设施来处理雨水径流的可能。

（4）建筑占地持续扩张。

建筑标高是由城市控制性详细规划控制，在美国，通常建筑密度很低。鼓励在适宜的地方建设更多紧凑型的建筑，通过减少建筑总占地面积使不透水表面最小化，从而减少径流产生总量。

2. 地产

（1）缺少控制土壤压实的条款。

低影响开发设施的功能是基于土壤渗透率的，因而，必须采取特殊的措施避免在建设过程中压实土壤，确保土壤在建成后保持高产与健康。在敏感区域划出"禁止压实区"作为低影响开发设施的建设位置。将工程交通限定在不存在土壤压实问题的分步施工区，这些区域需要在施工文件中注明，并现场标示。施工车辆压实的土壤需要承包商将其恢复到开发建设前的土壤渗透水平。在播种或种植前对土壤进行旋耕可增加渗透性。

（2）缺少保持场地水文特性的条款。

低影响开发的核心目标就是设计雨洪管理系统，将径流流速峰值降低到场地开发前的水平。为了对单个地产项目进行精确的场地分析，需要在更大的流域面积尺度上进行水文模拟。

（3）与草坪相关的条例。

草坪是房地产开发中颇具争议的区域。市政部门和地产所有者协会有很多关于草坪管理的条例，但很少关注草坪的生态功能。一些条例规定，草坪最高不超过 10 厘米；有些还专门规定了非本地短叶草最小绿色面积，不能有死叶。短叶草需要大量的灌溉与施用化肥，为阻止杂草生长还需要除草剂。很多以美观为导向的草坪管理条例规定，利用多样化的本土植物群落建设节水景观草坪是违规的。通常这些低影响开发草坪被认为是妨害行为，会受到处罚。市政部门可以鼓励种植替代性草坪，例如野牛草和天然牧草混种，在满足外观一致的情况下并不需要大量维护。

（4）住宅区退让距离过大。

大多数条例对住宅区的建筑都设定了相当大的退让距离，这不仅降低了建筑布局的灵活性，也限制了保护生态敏感区的机会。通常情况下，这些区域的土壤渗透性较强，是布局低影响开发设施的优选位置。另外，退让距离越大，需要的过道就越长，这无疑会增加不透水表面的总面积。"临街建设"或"零退让"可减少透水路面，增加渗透，还能提供一个共享的凝聚人气的街道景观。

（5）缺少保护低影响开发设施的条款。

移除包括绿化植物的低影响开发设施应该经过市政部门的批准，行道树作为其中的组成部分应该得到同样的对待。移除低影响开发设施的任何部分都可能造成雨洪管理的失败。

（6）禁止透水地面用于停车。

许多市政部门和业主协会都要求只能在硬质地面上就地停车，它排除了使用透水铺装、装饰性碎石铺装或植草砖的可能。这些条例并不是一无是处，因为泥土过道产生的扬尘负荷是铺装路面的4倍。尽管如此，低密度开发还是应该考虑限制地块不透水路面的覆盖比例（例如15%）。停车位和溢流区应该使用透水铺装，减少不透水表面，增强强降水径流处理能力。

（7）停车位建设过多。

美国许多关于土地利用的法规条例都规定，各土地利用类型上必须建设充足的停车位，特别是标准化的大型零售卖场，通常要求停车面积是零售卖场建筑面积的1.5倍。条例规定，办公建筑每9平方米的办公面积必须配一个停车位，如果每个停车位按28平方米，停车面积就是办公面积的3倍。大型商业的停车场是按假日购物最大的停车需求设计的，日常利用率极低。在不降低停车场容量的情况下，通过采用不同的使用模式来共享土地，降低停车场占地面积。

（8）缺少就地滞留雨水的条款。

虽然越来越多的州和政府都在加强完善有关雨水径流管理的条款，但仍未对私人单栋地产的雨水径流排放作出规范。在雨水径流排放高峰期，相邻地块等高线的变化可能会使下游遭受洪涝灾害。

（9）缺少保护树木的条款。

绝大多数市政部门对保护或移栽现存树木都未做规定。政府应该制定法规，加强对树干胸径20厘米以上的古树名木的保护。然而有时树木不得不移动位置，政府应该针对此类情况制定较大树木移植的条例，并注明开发过程中必须予以移栽保护的名木古树种类。

（10）缺少湿地调节措施。

任何具有生态重要性的湿地都不应作为开发区域被填埋。很多市政部门缺少湿地保护政策或者湿地分类系统。如果要获准填埋湿地，必须制定一个环境评估报告，详细说明缓解环境质量与生态连通性的措施。一个好的缓解计划应规定，替代湿地大小至少是原湿地的1.5倍，其质量应不低于原湿地。

3. 街道

（1）人行道材料限制条款。

一些市政部门为了便于维护，满足《美国残疾人法案》，只允许修建混凝土人行道，这排除了使用可循环利用透水材料铺装的可能，只允许使用混凝土修建人行道。随着时间的推移，混凝土人行道容易裂缝和凸起，产生危险的或不能通行的步行环境。

（2）人行道通用条款。

目前，许多市政部门要求，新建街道两侧必须设置人行道。为减少不透水路面，允许低密度住宅区只在街道的一侧设置人行道，在与街道平行的公园或绿道中设置替代性步道。

（3）道路交叉口附近禁止绿化。

市政部门禁止在道路交叉口 7.6 ~ 8 米的范围内种植超过 90 厘米高的植物。尽管这是为了交通视线安全，但限制了设置低影响开发设施的位置。目前，市政部门将低影响开发设施与交叉口减速设施相结合进行街道设计，例如设置减速弯道和行人安全岛。

（4）禁止在公共通行区设置低影响开发设施。

政府虽然允许私人利用低影响开发设施来管控雨水径流，但由于担心设施维护困难而禁止在公共路面设置低影响开发设施。将对公共管理的担忧转移到私人领域，破坏了利用流域法实施低影响开发共同责任基础。

（5）禁止在公共通行区使用透水材料。

与私有行车道管理条例类似，一些市政部门出于对维护的担心，禁止使用多孔混凝土或大孔隙沥青等透水铺装。由于低影响开发街道正处在试点测试阶段，绝大多数的市政部门没有维持街道透水铺装过滤功能所需的真空吸尘器等设备，也没有制定出低影响开发街道管理条例。

（6）禁止在公共通行区传输雨水径流。

大部分街道市政工程规范都禁止横跨公共路面输送超街道自

身产流负荷以外的雨水径流（不包括背街小巷）。通常街道中间路拱高于两边，阻碍了低影响开发网络中的片层分流、导流作用。

（7）街道宽度最小化。

许多市政部门受消防部门有关安全通道标准的影响，规定必须建设宽阔的街道。美国现在的住宅区街道横断面通常都有约11米宽，其实5.5~6.1米就足够了。这造成了暴雨径流负荷与雨污沉淀物的急剧增加，以至于一些政府开始实施"瘦街"计划来改善水质、提高可达性与通行安全性。

（8）对低密度土地利用的要求。

每公顷3~5个开发单元的分区低密度开发使单位长度公路所服务的建筑数量过低。如果鼓励紧凑型开发，同样数量的开发单元占地更少，降低了所需公路的长度，减少了不可渗透表面面积。

（9）对街道路缘石的要求。

根据《美国残疾人法案》规定，一些市政部门要求用路缘石来间隔区分人行道和车行道。使用路缘石排除了利用路面传输雨水处理径流的共享型街道布局以及其他形式的路面布局。

（10）对独头巷道的要求。

根据紧急车辆通行要求，将独头巷道直径从传统的约30.5米降到较为理想的21.3米，使独头巷道尺寸最小化。在独头巷道中间设置生物滞留设施，或建设"锤头"状回车道。

（11）快速路沿线禁止使用景观材料。

美国国道开发管理条例被称为"AASTO绿皮书"，具有讽刺意味的是公路所提供的服务并不包含生态功能方面的服务。行道树被当做"固定的危险品"，人行道被看做是"汽车回收区"，这对行人来说并不是好兆头。列植行道树的传统街道逐渐"失宠"，如林荫大道，结果却建设了大量缺乏可达性与生态功能的街道。

（12）缺少行道树种植条例。

街道沿线的行道树软化了城市环境，减轻了大气污染，降低了空气温度，提升了地产价值，并且还提供了树荫与生物栖息地。许多市政部门再次通过在新建街道沿线列植行道树的规定。地方政府需要在街道改造规范中编入树木修剪计划和种植标准。绿荫树应根据所选树种成熟冠幅的大小间隔种植。

4. 开放空间

（1）缺少转让开发权法规。

开发权转让是一种常见的金融工具，用来奖励保护生态敏感区或重要开放空间的产权所有者。产权人可以将未开发地块的开发潜力卖给其他产权所有者，以寻求更强的发展能力。作为交换，未开发地块要么继续由卖方持有并进行保护，要么被产权所有者转让给土地信托机构以获取税收优惠。无论如何，政府必须授权立法允许开发权转让。

（2）缺少坡地与树木管理条例。

地方性的坡地管理条例是地产免受系统性侵蚀以及减轻不当开发所致的泥沙负荷的重要保护工具。同样，树木管理条例保护了区域内植被覆盖的地表，这是流域生态功能管理的关键。

（3）缺少滨水缓冲带。

湿地、漫滩、湖泊、溪流等重要水体周围的植被缓冲带能防止未经处理的城市雨水径流直接进入水体，这对维持其关键性的生态功能十分重要。缓冲带的宽度与横截面设计应与水体的生态重要性相一致。

（4）缺乏保护法规。

很多市政部门对私有产权中环保关键区域缺乏保护法规，尤其是湿地与地下水调蓄带。政府需要制订支持低影响开发的鼓励性措施与法规条例。

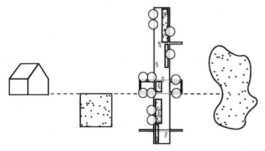

将低影响开发模式合法化，允许使用雨水管理替代技术。在市政规划过程中为开发商提供快速审批通道，免收基础设施建设相关税费，鼓励低影响开发。低影响开发可降低政府管控城市雨洪的开支，因而应该认真考虑提高传统开发建设的许可费，减免低影响开发建设许可费。

第三节　落实管理

低影响开发建设前、建设过程中、建设后：是管理，而不是维持。在低影响开发中，原生植被与自然土壤被设计用来行使雨洪管理基础设施的功能。为长期维持系统的高效，低影响开发基础设施的管理规划与保护措施必须表述清晰明了，也可能需要创新土地管理工具，比如地役权保护、专属地块管理、土地信托、物业管理条例等。对业主的宣传教育与业主的参与必须作为低影响开发战略的一部分。

与常见观赏景观一样，低影响开发设施日常管理包括：碎屑清理、除草、侵蚀与泥沙控制、灌溉、病虫害治理以及培植期（大约 3 年）枯死植物更换。最为重要的是，压实土壤与清除关键植被会损害低影响开发设施的功能。

不同地区、不同生态系统的植物群落和驯化物种差异很大，因而本书没有特别规定植物利用种类。在选择植物时应该优先咨询本土景观设计师、园艺专家或苗圃专家，确定种植时节与种植间距，根据不同位置土壤与阳光条件确定具体栽植方案。

"低影响开发基础设施是一个模拟生态过程不断进化的景观"。低影响开发景观使城市发展回归自然，植物区系结构随季节变化高度多样化，为城市提供了不断更新的生态服务。低影响开发景观模拟自然形成的生态系统，吸引本土野生动物，形成新的系统，并且不断变得多样化。一些"回归自然景观"的反对者将某些野生生物当做害虫（大部分蛇类并不主动攻击人）。然而，野生动物捕食可察觉的昆虫是低影响开发景观生态系统平衡所固有的养分循环的一部分。在缺少生态平衡的景观中，野生生物上升到有害水平就成了有害生物。基于生态学思想的病虫害综合防治，如利用蝙蝠和北美紫燕来控制蚊虫滋生。

1. 建 筑

（1）在建设过程中保护土壤和植被。

根据世界林业中心的报告，土壤压实是城市幼树死亡的主要原因。大部分根系结构位于地面以下约1米的范围内，吸收营养与水分的主要根系活动发生在约5.5米范围内。建设过程中必须采取措施，保护现存植被覆盖区域和即将用于种植的区域，防止土壤压实。用适当的围栏与引导标志划定保护区域，作为"严禁压实区"。

（2）各建设主体互相协调配合。

与其分割并平整整个场地，倒不如通过分期建设来减少对场地的干扰。清场、场地平整与重型建设最好在最干燥的时节进行，在雨季之前结束，使土壤压实与侵蚀以及地面沉降最小化。长工期的大项目，理想的情况是分期建设，最大限度地降低对裸露区域的土壤侵蚀。在清场与场地平整阶段要制定侵蚀与沉降控制措施，并严格执行。

2. 地 产

（1）利用设计来制定场地保护计划。

根据国家水资源保护立法标准制定、落实和强制执行场地保护规划。利用开挖最小化的地基系统缩小场地平整范围，避免对整个开发场地进行平整。沿等高线布置建筑长轴，减少挖填。将对土壤的扰动限定在道路、公共设施以及建筑工程的开挖范围内。

在清场与场地平整阶段要制定侵蚀与沉降控制措施并严格执行。

（2）改良土壤。

对土壤进行分析，确定土壤有机质含量或理化特性。如有必要，使用堆肥、污泥和其他再生的有机质提高孔隙度和渗透速率。如果可能，低影响开发设施中尽量保护现有的渗透性土壤而不使用客土。高污染的土壤需要额外的生物修复措施来消除毒性。

（3）低影响开发设施的监测与管理。

不同的低影响开发设施对检修与管理的要求也不相同，因此，为每一个设施建立一个管护计划清单十分重要。大基础设施的各个组成部分是具有不同生命周期的有机设施，因而在确定设施的管护项目清单时应该评估与生态服务、泥沙淤积、水质、植被生长、指示性动植物健康状况以及整体生态功能相关的性能指标。

（4）确定低影响开发设施管理计划的责任主休。

无论是业主协会还是公用基础设施的管理部门，必须选定一个执行低影响开发设施管理计划的责任主体。计划在执行过程中必须定期调整，以适应植物群落的进化和害虫生命周期的变化。责任主体需要在计划执行层面对设施管护人员和业主进行宣传教育。

3. 街道

（1）整合公用设施，方便检修。

利用综合管线地下管廊整合干湿公共基础设施，最小化安装与管护对环境造成的影响。地下管廊允许不同的公司协同工作分摊建管费用。通信、电力和燃气等干管线可以垂直安装在一个沟内，饮用水、灰水和废水等湿管线也可以共用同一附属设施。

（2）非开挖技术。

非开挖技术是一个涵盖性的术语，包含一系列不需要挖掘就能维护地下设施的方法、材料以及设备。非开挖技术包括设施的非侵入式修复与升级，它能保护基于植被覆盖的低影响开发设施不受损害。随着时间的推移，免受干扰的低影响开发植物群落逐渐成熟稳定，低影响开发设施性能也趋于完善。

（3）为行道树提供足够的生长空间。

树木根系和伴生的微生物群落对修复雨污径流、固定土壤非常重要。为了实现这些功能，必须有足够的空间保证其根系生长，因而应该最小化与街道、人行道、地下管线以及架空电力线路的冲突。街道沿线植被带应该在 1.8~2.4 米宽，用沙壤土作为优质生长介质，必要时在地下铺设多孔排水管及时排泄过量的雨水径流。

（4）在需要的地方使用结构性土。

结构性土是一种土壤与骨料混合的工程化介质，作为道路铺装垫层用土，它所形成的多孔载荷系统有助于排水和树木根系生长。结构性土能支撑成熟的树木，还可延长城市树木生命周期 4～5 倍。

（5）渗透性铺装的管理。

沉淀阻塞是渗透性铺装失效的主要原因，大颗粒物间隙填满了小颗粒物，降低了系统的渗透能力。沉积来自车辆和行人通行、被风吹来的碎屑以及径流的输送。定期管护包括：每年至少 4 次的真空吸尘器清扫，清除可渗透铺装表层孔隙内的颗粒物。大部分市政部门已为当前的街道管护配备了真空清扫机械。洪水和管理不当所造成的严重堵塞可以通过每隔 0.5~30 米穿透铺装系统打一些直径约 1.3 厘米的孔进行补救。可渗透铺装的检修与清扫等管理费用与传统路面的管护费用相当。

4. 开放空间

（1）保护本土植物。

成熟的本土植物和健康的土壤结构是流域内水文循环正常化所必需的，还包括稳定的河道与湿地系统以及健康的水生环境。有植被覆盖的地表能消解城区雨水径流洪峰。自然资源规划应该确定并且保护与生态连通性、生物多样性相关的关键性区域，包括滨水走廊、河漫滩、野生动物栖息地连通区以及建成区的公共空间。

（2）修复土壤压实区。

土壤和植被的扰动区可能需要土壤改良和重植本土植物，恢复场地内水文循环。向有资质的城市护林员或景观建筑师咨询，制定一个植被与土壤的长期管理计划。

（3）实行控制性烧荒。

控制性烧荒是一种常用于林业管理、农业耕作和牧草恢复的技术。在一些森林和草地生态系统中，火是养分循环的一个重要的自然组成部分，可以保护树木免受未来火灾与病虫害的扰动。有控制的火烧改善了野生物种的生境，为植被更新提供了种子库。告知用户和附近居民火烧时间表有利于减轻公众的忧虑。

更多信息

哪里可以找到更多信息？

虽然这本书提供了低影响开发措施实施中的原则性信息，但无法穷尽。我们提供了参考文献，供读者寻找更广泛的信息，可以了解低影响开发设施的大小以及如何设计的具体标准。除了所引用的资料外，还可以参考相关的网站信息，与本书相互补充。

术语表

参考文献

术 语 表

百年一遇的暴雨

任意一年内有百分之一概率发生的洪水事件。基于对近百年的洪涝峰值研究，预测和推算出的近似值。

不透水面

表面采用无法通过表面垂直渗透液体的材料。

病虫害整合管理

采用获得周围环境反馈等环境敏感的方式进行病虫害防治，将病虫害的影响维持在不造成不可接受的损害和滋扰的水平上，而不是赶尽杀绝。

本地物种

已和特定生态系统实现自然融合的非原生物种，没有外来入侵性。

避难所

不受气候、环境或城市发展的干扰，适宜残留物种栖息的区域。

暴雨事件

不同的历时、雨量和强度发生的降雨事件，以年为计量时间，如百年一遇。

暴雨管理系统

通过流量控制和滞留设施，进行雨水和融雪径流管理的基础设施，以防止洪水泛滥。

承载能力

指低影响开发措施满负荷处理径流雨水的能力。

初期雨水

不透水地表的初期暴雨径流，所含的污染物高于暴雨期间其他任何时候。

沉积物

通过流水、风吹或冰融等过程沉积下来，如灰尘、土壤和碎屑颗粒，这些通常被称为悬浮物。

沉降作用

悬浮物在重力影响下，沉降到水体底部的机械过程。

沉水植物

完全在水下生长的植物。

处理

在低影响开发措施中，指利用植物修复或微生物过程提高水质、完成径流雨水污染物代谢的过程。

城市森林

从原有的自然生态系统中演化过来，如今矗立在城市环境中的树木。

地表砂过滤器

一种由地表和地下部分组成的砂过滤系统，去除雨水径流中的污染物，如硝酸盐和磷酸盐。

地下砂过滤器

砂料和排水低于地面，安装在一个混凝土地下存储间里，除此之外，它和地表砂过滤器类似。通常被用于土地缺乏，无法采用地面雨水管理设施的情况下。

地下储存

土地缺乏无法采用地面雨水管理设施的情况下，采用地下的雨水储存池。

地下水

是指存在于地面以下岩石裂缝、土壤空隙地下溪流中的水，狭义上指地下蓄水层中的水，是井水和泉水的来源。

点源污染

污染来源于某个可识别的单点，如工业设施。

浮水植物

根系在平均水位以下的底泥中，但茎叶延伸到水面之上的植物。

非点源（NPS）污染

非特定地点人类活动相关的地表污染物，在暴雨径流冲刷下汇集而成的污染。

干草沟或植草沟

一个开放的有植被覆盖的雨水通道，可过滤与减缓雨水径流，并将雨水传输到下游。

过渡带

相邻的但不同组成的植物群落之间的过渡区域，此区域生态位之间生物化学交换过程处于较高水平。

过滤带

将雨水径流转换为片层水流的草坡，起到减缓径流的作用，通常与道路、停车场和自行车道相邻且平行。

过滤作用

通过多孔介质，如砂、纤维根系统或人造过滤系统，沉积物得以从暴雨径流中分离出来。

高峰负荷／流量

在雨水管理中必须进行管理的暴雨最大流量（水量）或负荷（污染物）。

管道—池塘系统

通过管道将雨水排出，在场地外集中滞留和储存，是传统的雨水管理系统。

共享街道

创造一个多用途的通行权模式，使得车辆、行人和骑行者可以共享一个公共空间，避免了传统的车道、人行道、路缘石这样的车道分离模式。

高原植被

干旱地区不直接接触水体或含氢土壤的植物群落。

含水层

容纳或传导地下水的可渗透岩石层。

黑水

来自厕所的含有排泄物或生物废料的生活污水和工业生产排放的工业废水。

河漫滩

经洪水周期性冲刷的与河流相邻的区域，包括泄洪道和漫流区。包括：溢洪道（分洪河道）— 供大部分的洪水排出，洪水边缘区 – 洪水可到达的区域。美国的洪水保险费率图（Flood Insurance Rate Map，简称为 FIRM）划定了百年一遇和五百年一遇的河漫滩区域，在划定的百年一遇河漫滩区域，发展是受到管制的。

灰水

指来自盥洗室、洗澡间和厨房的洗涤废水，以及处理后的雨水径流，可用于植被灌溉或者厕所冲水。

河源头

溪流或河流的源头。只要平均流速小于每秒 0.142 立方米（5 立方英尺），非潮汐河流、小溪、湖泊和湿地，都可以成为河源头形成的支流来源。

含氢土壤

在长期水分饱和、洪水淹没、积水等条件下，地表下土壤形成了厌氧环境。

河岸

属于或与河岸相关。

河岸缓冲带

含氢土壤的植被带，位于沿河流或小溪的岸边。

兼生性植物

无论潮湿还是干燥，在多变的水文环境中能够存活的植物。

精明增长计划

主张紧凑使用土地、公交导向、适合步行、骑行友好的社区发展规划模式，不同于摊大饼般的郊区蔓延式规划。

结构性土壤

路面下采用承重材料的工程性混合物，以保留根系的渗透能力，减少路面损坏，确保树木健康生长。

流量控制装置

用于控制径流峰值流速、减缓冲刷、降低径流总量的装置。

绿道

一个开放的廊道空间，常位于水体沿线，适于休憩、步行和自行车通行。

梅西奇土壤

适应或以温性土壤为特性。

人工湿地

一种永久维持一定水量的综合性低影响开发设施，通过微生物分解、植物修复、滞留、沉降和吸附等生物过程处理污染物。

人造草坪

用于住宅、装饰或休闲等目的，通常不是乡土草种且单品种植，需要投放化学药剂并进行人工灌溉来进行生长期管理，维持较小的重量及高度，反之，则会被收割。

入侵物种

外来物种引入到一个新的地区后，大量占有某种营养物质，对当地的生态环境造成了负面影响。

软质工程

在基建中，利用生物过程和材料而进行的生态工程系统。在低影响开发措施中，植物主要被用于雨水过滤、渗透、处理等功能，以平衡水质和水量。

生物滞留设施

指在地势较低的区域，通过植物和土壤净化径流雨水的设施，包括生物滞留池、雨水花园、生物滞留带。通常会根据所需的处理效果，采用砂子或腐殖质调整土壤介质比例。

生物洼地

一个开放性轻微倾斜的植物浅沟，通过过滤和原生植被的生物修复机制，处理径流雨水，去除主要污染物。

生态服务

由自然生态系统和生物提供的资源和生态过程。健康的流域生态系统可以提供 17 种生态服务功能，包括：大气调节、气候调节、干扰条件、水分调节、供水、控制土壤侵蚀和滞留泥沙、土壤形成、养分循环、废弃物处理、授粉、物种控制、物种避难所、食物生产、原材料生产、遗产资源、娱乐及文化价值。

生态系统

指在一个特定区域内，生物之间发生生物地球化学交互作用的系统，包括非生物因子（生物因子）与周围物理环境间的相互作用。

水体富营养化

由于水体植物的过量生长，如藻类和入侵植物，产生了植物营养物质的富集，而导致水体溶解氧的减少，最终导致水质污染、水体野生动物的严重减少，亦称"死湖综合征"。

水文学

研究水在地表和大气中的移动、分布和含量等特性的科学，同时会论及水循环和水资源。

水流冲刷

由于过量水流造成的水流边缘冲刷。

渗透

雨水径流通过土壤向下垂直渗透，以补给地下水。

渗透带

浅层蓄水带，在不保留水的永久蓄水池的情况下渗透雨水。

渗透沟

有过滤膜和骨料垫层的浅沟，以实现雨水渗透和地下储存的功能。

渗滤树池

一种填充了多孔土壤介质、可种植植物、通过碎砾石进行暗渠排水的孔或穴。

土壤侵蚀控制装置

用于防止和控制地表土壤被过度侵蚀的装置，可以预防河道过度淤积和生态系统破坏。

透水面

一种能够通过表面垂直传输液体的材料。

微生物

属于或关于微观活生物体，如细菌、螨虫和真菌等。微生物作为分解者，是生态系统养分循环的关键一环，调节土壤和水体生态系统的生物功能。

需氧生物

仅在有氧环境下发生或生存的生物。

厌氧生物

仅在无氧环境下发生或生存的生物。

硬质工程

传统的市政工程系统依赖于机械的、非生物结构的基础设施。低影响开发中，硬质工程指的是"管道—水池"雨水管理系统，用于储存和传输雨水径流，只是进行简单的雨水排空。

原生物种

某一地区或生态系统的原生物种。

养分循环

营养成分在生物和非生物系统中传输形成的生物地球化学过程，如有机物腐烂或食用后排出体外，营养成分返回到土壤。

雨水花园

一个植物洼地，可以过滤流经草地和不透水地面的雨水，并在48小时内得以渗透。

雨水收集

把从屋顶或其他不透水下垫面收集的雨水进行循环利用。

滞留

临时蓄积径流雨水的池塘、低洼区域或地下储水设施，以降低洪水峰值流速。

最佳管理实践（BMP）

采用最先进的措施，以确保面源污染控制方法的有效性和实用性。

滞留池（塘）

一种暂时储存暴雨径流的设施，需于24小时内排空至市政排水系统或就近的水体。

蒸散作用

水分通过植物蒸腾作用和水体表面蒸发，从陆地转移到大气中的过程。

直径过大的的管道

为削减洪峰流量而采用的，大大超出需要大小的雨水排放管道。

滞留

将雨水径流储存在场地内，使悬浮物得以沉淀，并通过生物过程对雨水进行初步处理。

滞留溏

永久性的人工雨水储存池，通过沉淀作用净化水质。

浊度

水中由悬浮细颗粒引起的云状或朦胧状外观。

参考文献

［1］ Arendt, Randall G. Conservation Design for Subdivisions: A Practical Guide to Creating Open Space Networks［M］. Washington, DC: Island Press, 1996.

［2］ Balmori, Diana and BENOIT G. Land and Natural Development (LAND) Code: Guidelines for Sustainable Land Development［M］. Hoboken, New Jersey: John Wiley & Sons, 2007.

［3］ Campbell, CRAIG S. and MICHAEL H O. Constructed Wetlands in the Sustainable Landscape［M］. New York: John Wiley & Sons, Inc., 1999.

［4］ Dramstad, WENCHE E., OLSON J D et al. Landscape Ecology Principles in Landscape Architecture and Land-use Planning［M］. Washington, DC: Island Press, 1996.

［5］ Farr, Douglass. Sustainable Urbanism: Urban Design with Nature［M］. Hoboken, New Jersey: John Wiley & Sons, Inc., 2008.

［6］ Flores, H. C. Food Not Lawns: How to Turn Your Yard into a Garden and Your Neighborhood into a Community［M］. White River Junction, Vermont: Chelsea Green Publishing Company, 2006.

［7］ France, ROBERT L. Wetland Design: Principles and Practices for Landscape Architects and Land-use Planners［M］. New York: W.W. Norton & Company, Inc., 2003.

［8］ Girling, Cynthia and KELLETT R.Skinny Streets & Green Neighborhoods: Design for Environment and Community［M］. Washington, DC: Island Press, 2005.

［9］ Izembart, Helene and BOUDCE B L. Waterscapes, Using Plant Systems to Treat Wastewater［M］. Land & Scape Series. Barcelona, Spain: Editorial Gustavo Gili, 2003.

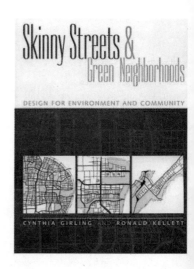

[10] Kibert, Charles J., ed. Reshaping the Built Environment: Ecology, Ethics, and Economics[M]. Washington, DC: Island Press, 1999.

[11] Kinkade-Levario, Heather. Forgotten Rain: Rediscovering Rainwater Harvesting[M]. Springfield, MO: Granite Canyon Publications, 2004.

[12] Low, Thomas E. Light Imprint Handbook: Integrating Sustainability and Community Design[M]. Charlotte, NC: New Urban Press, 2008.

[13] Metro. Green Streets: Innovative Solutions for Stormwater and Stream Crossings[M]. Portland, OR: Metro, 2002.

[14] Smith, Carl, Andy Clayden et al. Residential Landscape Sustainability: A Checklist Tool[M]. Oxford, UK: Blackwell Publishing, 2008.

[15] Teyssot, Georges, ed. The American Lawn[M]. New York: Princeton Architectural Press, 1999.

[16] Barr Engineering Company. Minnesota Urban Small Sites BMP Manual. St. Paul, MI: Metropolitan Council, 1993, http://www.metrocouncil.org/environment/water/BMP/manual.htm (accessed June 17, 2009).

[17] Bentrup, Gary, USDA National Agroforestry Center. Conservation Buffers: Design Guidelines for Buffers, Corridors, and Greenways. Asheville, NC: Department of Agriculture, Forest Service, Southern Research Station, 2008, http://www.unl.edu/nac/bufferguidelines/docs/conservation_buffers.pdf (accessed March 17, 2009).

[18] Brown, Hillary, Steven A. Caputo Jr., Kerry Carnahan, and Signe Nielson. High Performance Infrastructure Guidelines. New York: New York Department of Design and Construction, 2005.

[19] Center for Watershed Protection, Inc. Post-Construction Stormwater Model Ordinance. Ellicott City, MD: 2008, www.

cwp.org/Resource_Library/Model_Ordinances/index.htm
(accessed September 18, 2009).

[20] Chicago Department of Transportation. The Chicago Green Alley
Handbook. Chicago: City of Chicago, 2006, http://brandavenue.
typepad.com/brand_avenue/files/greenalleyhandbook.pdf
(accessed April 1, 2010).

[21] City of Portland. Stormwater Management Manual. Portland, OR:
2008 Revision, www.portlandonline.com/bes/index.cfm?c=47952
(accessed February 2, 2010).

[22] Department of Environmental Resources, Programs and Planning
Division. Low Impact Development Design Strategies:

[23] An Integrated Design Approach. Largo, MD: Prince George's
County, Maryland, 1999, http://www.epa.gov/nps/lidnatl.pdf
(accessed January 2, 2007).

[24] Elmendorf, William, Henry Gerhold, and Larry Kuhns. Planting
and After Care of Community Trees. University Park, PA: The
Pennsylvania State University, 2008, http://pubs.cas.psu.edu/
freepubs/pdfs/uh143.pdf (accessed February 19, 2010).

[25] Erwin, Patty S. and Sasha Kay. Natural Resource Management
in the Urban Forest: Arkansas Forestry Commission: Urban
Forestry Division, August 2000.

[26] Hinman, Curtis. Low Impact Development Manual for Puget
Sound. Tacoma, WA: Washington State University Pierce County
Extension, 2005, http://www.psp.wa.gov/downloads/LID/LID_
manual2005.pdf (accessed January 4, 2007).

[27] Industrial Economics, Incorporated. Green Parking Lot Case
Study: Heifer International, Inc., 2007, http://www.epa.gov/
region6/6sf/pdffiles/heiferparkingstudy.pdf (accessed March
19, 2010).

[28] Low Impact Development Center, Inc." Urban Design Tools:
LID Design Examples." http://www.lid-stormwater.net/design_

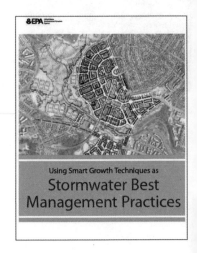